从中智EAP看中国EAP

——员工心理援助20年历程

组编　中智关爱通（上海）科技股份有限公司

上海交通大学出版社
SHANGHAI JIAO TONG UNIVERSITY PRESS

内容提要

心理健康是影响经济社会发展的重大公共卫生问题和社会问题，也是建设健康中国的核心和关键。

本书通过回顾中智 EAP 20 年的发展历程、分享心理健康大数据资料，以及邀请那些在员工心理健康关怀实践中拥有丰厚经验的专家、从业者、企业分享他们的经验、感悟，以此串联起一幅中国 EAP 20 年的发展图鉴，以期提升全社会对员工心理健康的关注，为健康中国建设保驾护航。本书适合 EAP 从业人员、心理咨询师、企业管理人员、高校和心理研究机构专家学者，以及社会各界对心理学关注的人士阅读，也可以作为心理学相关专业师生案例课程教材和参考书。

图书在版编目(CIP)数据

从中智 EAP 看中国 EAP：员工心理援助 20 年历程／中智关爱通(上海)科技股份有限公司组编.—上海：上海交通大学出版社，2023.11(2024.7 重印)
ISBN 978 - 7 - 313 - 29611 - 5

Ⅰ.①从… Ⅱ.①中… Ⅲ.①职工-心理咨询-咨询服务-研究 Ⅳ.①B849.1

中国国家版本馆 CIP 数据核字(2023)第 196626 号

从中智 EAP 看中国 EAP：员工心理援助 20 年历程
CONG ZHONGZHI EAP KAN ZHONGGUO EAP：YUANGONG XINLI YUANZHU 20 NIAN LICHENG

组　　编：中智关爱通(上海)科技股份有限公司
出版发行：上海交通大学出版社　　　　　　地　　址：上海市番禺路 951 号
邮政编码：200030　　　　　　　　　　　电　　话：021 - 64071208
印　　制：上海新华印刷有限公司　　　　　经　　销：全国新华书店
开　　本：710 mm×1000 mm　1/16　　　插　　页：20
字　　数：280 千字　　　　　　　　　　印　　张：17
版　　次：2023 年 11 月第 1 版　　　　　印　　次：2024 年 7 月第 2 次印刷
书　　号：ISBN 978 - 7 - 313 - 29611 - 5
定　　价：98.00 元

编 委 会

中智 EAP 发展历程

特别说明：图片中相关人员的职位描述均为当时担任的职位。

▶ ▶ 2002

中智EAP前身——德慧正式成立，将EAP国际标准服务模式引入中国，开创中国本土化EAP模式。

德慧创始人潘军（左一）、朱晓平（左五）与团队合影

▶ ▶ ▶ 2003

　　发起并承办"首届中国EAP年会",搭建行业内传播与交流的专业平台,开启中国EAP专业研讨的先河。以"人力资本的高绩效管理"为主题,邀请国内外权威的人力资本开发及员工关系发展领域的专家教授和具备丰富实践经验的世界500强跨国企业专业人士做主题发言并展开相关研讨。

　　研发并制定了EAP个案管理服务体系1.0版本,成为中国EAP运作规范的初始版本。

　　参与编写EAP相关教材《员工援助师》,为积极推动EAP专业人才培养奠定基础。

2003年首届中国EAP年会现场照片

潘军在2003年首届中国EAP年会发表演讲

2004

召开"第二届中国EAP年会"，以"心的力量、新的成长：建设健康型组织论坛"为主题，探讨建立服务中国国情的EAP模式，把"健康型组织"概念引入到中国EAP发展的目标和愿景，积极推动社会心理服务体系的建设研究。

史厚今（中间）加入EAP行业

2004 年第二届中国 EAP年会合影
北京师范大学心理学张西超（左一）、中国科学院心理研究所社会与经济行为研究中心主任时勘(左五)、
清华大学心理学教授樊富珉（右三）、潘军（右一）

▶ ▶ 2005

签约了首家国企客户—中国联合工程有限公司，并持续服务18年。

召开"第三届中国EAP年会"，以"营造健康的企业文化，吸引、保留和激励人才—新型福利计划"为主题，大大提升了社会各界对EAP行业的认知度。

2005年第三届中国EAP年会合影。从左到右依次为：中国科学院心理研究所社会与经济行为研究中心主任时勘（左一）、德慧早期员工陈林（左二）、中智集团党委副书记、副总经理，中智上海经济技术合作有限公司党委书记、总经理石磊（右三）、德慧史厚今（右二）、中智EAP员工蒋浩（右一）

石磊在 2005 年第三届中国 EAP 年会发表演讲

石磊、时勘、潘军 2005 年第三届中国 EAP 年会合影留念

2005 年第三届中国 EAP 年会现场照片

举办第三届中国EAP年会工作坊，引入适合EAP框架的咨询技术：焦点解决短程治疗，加入到签约咨询师的培训中，为EAP事业持续发展储备人才扩大知识面，提升EAP服务质量。

史厚今与台湾暨南国际大学谘商与辅导研究所教授萧文
在 2005 年第三届 EAP 年会工作坊合影

2005 年第三届中国 EAP 年会工作坊现场合影

▶ ▶ 2006

德慧（中智EAP的前身）加入了中智，成为具有央企背景的EAP服务商，使其资源、平台、能量等都大幅提升。

中智EAP第一次签约了世界500强的医药企业，将EAP项目引入中国医药行业。

举办了"第四届中国EAP年会"，以"中国企业的职业心理健康管理"为主题，探索在中国这个特定的文化环境中的员工职业心理健康管理方式，推动机构和企业加深对员工心理健康问题的关注。

企业员工职业心理健康管理调查报告

发布《企业员工职业心理健康管理调查报告》，用客观详实的数据，直观展现了中国职场人群心理健康状况，为开拓行业和企业提供员工心理健康关怀提供了重要的资料和拓宽了思路。

▶ ▶ **2007**

深耕医药行业，陆续与六大国际医药公司建立合作，同时，在全面员工心理健康档案基础上，建立起了医药行业心理咨询数据库，帮助中智EAP更好地了解医药行业从业人员的身心健康状态，为医药企业提供更优质的EAP解决方案，从而在医药行业建立了良好口碑。

举办"第五届中国EAP年会"，以"企业危机管理研讨"主题，探讨EAP如何助力企业建立危机管理机制，搭建行业内传播与交流的专业平台。

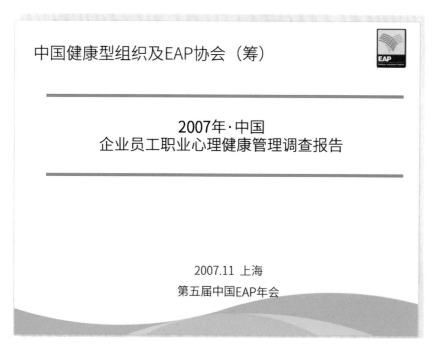

企业员工职业心理健康管理调查报告

发布《企业员工职业心理健康管理调查报告》，让企业看到了心理健康服务对于人才吸引和留住的积极作用，也为企业人力资源管理者找到了提升人才招引及留任效果的新思路。

▶ ▶ **2008**

勇担央企重任，第一时间启动了汶川地震公益热线，并积极投身于上海心理服务志愿队现场支援救助。

受邀参加2008年中国社会心理学会全国学术大会，发布的《EAP的发展新趋势——全面员工援助》论文收录至论文摘要。

中智 EAP 发布的论文被收录至《中国社会心理学会 2008 年全国学术大会论文摘要集》

举办"第六届中国EAP年会"，以"企业健康管理实践分享"为主题，交流EAP实践经验，实现组织人文健康的有序发展。

发布《企业员工职业心理健康管理调查报告》，增加了地震中的心理危机干预、金融海啸带来的心理影响等方面的调查研究，使调查工作更加贴近时代与时俱进，同时也不断拓宽EAP的覆盖面。

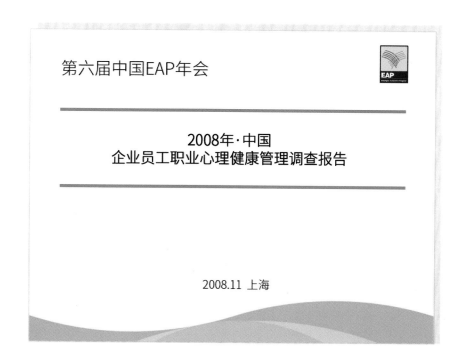

企业员工职业心理健康管理调查报告

▶ ▶ **2009**

自主研发《EAP数据库管理系统》1.0版本，实现了企业管理、个案管理的网络化和无纸化；自主研发《咨询师小助手》，连接咨询师与来访者，提升咨询服务能力。

受邀参加第十二届全国心理学学术大会，发表的《EAP的发展新趋势 —— 全面员工援助》论文收录至论文摘要集。

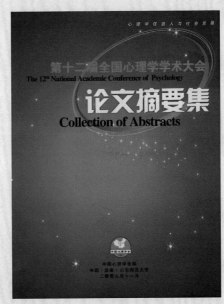

中智EAP发布的论文被收录至
《第十二届全国心理学学术大会论文摘要集》

举办"第七届中国EAP年会"，以"打造企业健康管理平台"为主题，探讨如何帮助企业建立系统、科学、可持续的员工心理支持项目，从而实现个人职业生涯和企业业绩发展的正向循环。

发布《职业压力分析报告》，从企业视角探寻员工职业压力，以期引发企业对职业压力的重视。

职业压力分析报告

2010

联合人力资源媒体"第一资源"举办"第八届中国EAP年会",以"2010中国人力资源战略&EAP管理年会暨中国人力资源先锋评选"为主题。

中智EAP团队在2010年第八届中国EAP年会现场合影

获得市场认可,荣获由人力资源媒体"第一资源"颁发的"中国先锋人力资源服务商最佳EAP机构"。

中国先锋人力资源服务商
最佳EAP机构

发布报告《职场人士幸福感调查——如何提高员工满意度和员工生产力，增强企业凝聚力》，为全面构建企业幸福度提供可落地的指导建议。

职场人士幸福感调查

▶ ▶ 2012

举办"第九届中国EAP年会",以"智纳变革,慧识危机"为主题,探讨组织变革下压力管理的最佳方式和应对策略。

2012 年第九届中国 EAP 年会合影留念。从左到右依次为:史厚今、企业代表陶琼、潘军、专家代表樊琪、企业代表张昱

中智 EAP 团队在 2012 年第九届中国 EAP 年会现场合影

发布《组织变革下员工职业压力报告》,聚焦员工心理危机的预防与应对策略,帮助企业更好地应对变革。

组织变革下员工职业压力报告

▶ ▶ 2013

内部业务全面升级，建立为企业提供全方位"员工关爱"整体解决方案的专门机构。举办"第十届中国EAP年会"，以"高效心管理 智慧心激励"为主题，为聚焦企业管理激励机制对企业发展影响发表真知灼见、建言献策。

潘军在 2013 年第十届中国 EAP 年会发表演讲

2013 年第十届中国 EAP 年会现场照片

发布《职场认可行为调查——员工版》，聚焦职场认可行为，帮助企业打开审视"管理有效性"的新视角，让EAP成为优化管理的有效分析及洞察工具。

2013 年职场认可行为调查——员工版

▶ ▶ 2014

中智EAP总经理史厚今应邀参加国际EAP协会年会，并向世界同行分享中智EAP在中国发展现状与趋势。

2014年奥兰多国际EAP协会年会中国分享专场现场照片　　2014年奥兰多国际EAP协会年会现场照片

在EAP专业性的道路上踔厉奋进，3名团队成员获得由国际EAP协会EA认证委员会与国际EAP协会中国分会共同创办并管理的国际认证EAP专员证书。

史厚今领取国际认证EAP专员证书

国际认证EAP专员证书

2014年第十一届中国EAP年会现场照片

举办"第十一届中国EAP年会",以"用心对话·携手成长"为主题,围绕EAP服务的伦理议题,为企业提供甄别服务商的重要标准,以利于进一步促进中国大陆EAP服务的专业化、规范化和标准化。

坚守专业性,开展EAP心理咨询职业伦理实务研讨工作坊,坚守服务伦理原则,保障客户隐私安全。

2014 年 EAP 心理咨询职业伦理实务研讨工作坊合影。从左到右依次为:史厚今、台湾心理咨询师协会伦理工作委员会主任王智弘、上海同馨济慈健康咨询中心咨询师刘翠莲、殷实

2014 年 EAP 心理咨询职业伦理实务研讨工作坊现场照片

发布《职场认可行为调查——管理者版》，引导企业重视职场认可，采用科学的职场管理手段，促进中国职场良性、可持续发展。

2014 年《职场认可行为调查—管理者版》

▶ ▶ 2015

加强数字化建设与转型，产品研发和创新创造能力持续提升，持续优化迭代"EAP数据管理系统""个案管理平台""咨询师小助手"等产品，为EAP数字化发展奠定基石。

举办"第十二届中国EAP年会"，以"企业心建设 变革心关怀"为主题，探讨组织变革中员工管理方式。

2015 年第十二届中国 EAP 年会合影留念。潘军（左三）、中智上海经济技术合作公司党委书记总经理王慧（左四）、国际EAP 协会中国分会秘书长史占彪（右四）、史厚今（右二）

发布新产品"企业心理风险顾问",为企业管理增添新利器。

成为中央财经大学应用心理专业硕士实践基地,为培养高素质应用型心理专业人才贡献力量。

中智 EAP 与中央财经大学社会发展学院应用心理学专业合作建立"应用心理专业专硕实习基地"授牌仪式现场照片。从左到右依次为:潘军、中智上海经济技术合作公司党委书记总经理王慧、国际 EAP 协会中国分会秘书长史占彪,中央财经大学马敏、德慧史厚今

持续加强团队知识和技能提升,两名团队成员获得国际注册EAP顾问证书。

国际注册 EAP 顾问证书

▸ ▸ 2016

中智EAP总经理史厚今受邀参加国际EAP协会年会，交流了中国EAP的发展近况、经验和成果，让世界了解了中国EAP的发展。

2016 年芝加哥国际 EAP 协会年会合影。从左到右依次为：史厚今、国际 EAP 协会中国分会主席赵然、企业内部 EAP 专家檀培芳、国际 EAP 协会中国分会副秘书长曾海波

史厚今在 2016 年芝加哥国际 EAP 协会年会现场照片

举办"第十三届中国EAP年会"，以"塑造优质职场，共创无价未来"为主题，深入研讨"优质职场"在员工、管理和企业三大不同层面的不同定义和体现。

2016 年第十三届中国 EAP 年会现场合影

2016 年第十三届中国 EAP 年会合影。从左到右依次为：国际 EAP 协会中国分会主席赵然、中智关爱通副总经理丁梓一、企业代表陶琼、史厚今

"互联网+"思路全线升级EAP产品，推出一站式EAP服务综合平台"答心"，运用移动互联网技术，为企业提供便捷、专业的EAP服务。

中智 EAP"答心"发布会现场照片

国际EAP学会中国分会第二届理事会

2016 年国际 EAP 协会中国分会第二届理事会合影

高票当选国际EAP协会中国分会理事单位，积极推动EAP在中国的本土化发展。

从环境和设备安全、网络和通信安全、主机和系统安全、应用和业务安全、数据安全等层面着手，构建数据安全保障体系，筑牢数字安全屏障，增强系统安全韧性和抗风险能力，为用户的信息安全保驾护航，实现安全保发展、发展促安全。

▶ ▶ 2017

与中央财经大学社会与心理学院教授赵然联合出版《员工帮助计划（中国经典案例集）》

《员工帮助计划（中国经典案例集）》发布会合影

国际 EAP 协会中国分会主席赵然、史厚今共同为《员工帮助计划（中国经典案例集）》进行揭幕

举办"第十四届中国EAP年会",以"健康中国 优质职场"为主题,共同研讨商议在职员工心理健康建设这一重要议题。

通过ISO27001信息安全管理体系认证,强化信息安全管理体系。

赵然在 2017 年第十四届中国 EAP 年会发表演讲　　　　潘军在 2017 年第十四届中国 EAP 年会发表演讲

荣获多项殊荣,获得由国际EAP协会中国分会颁发的"中国EAP行业杰出供应商奖",人力资源媒体HRoot颁发的"2017人力资源服务创新大奖"。

中智EAP总经理史厚今荣获国际EAP协会中国分会颁发的"中国EAP行业杰出个人成就奖"。

中国 EAP 行业杰出供应商奖　　　　人力资源服务创新大奖　　　　中国 EAP 行业杰出个人成就奖

▶ ▶ 2018

召开智能EAP机器人"静静"的专家评审会，与国内外心理学专家、管理学大咖、企业高管、心理健康服务供应商探讨心理服务在智能化过程中的思考和探索，以及未来面临的挑战。

评审合影。殷实（左一）、企业内部 EAP 专家檀培芳（左三）、国际 EAP 协会中国分会常务理事宋国萍（左四）、国际 EAP 协会中国分会主席赵然（左五）、史厚今（右四）、国际 EAP 协会中国分会秘书长史占彪（右三）、国际 EAP 协会中国分会常务理事朱晓平（右二）

智能 EAP 机器人"静静"专家评审会

中智EAP总经理史厚今受邀参加EAP协会中国分会举办的中国EAP行业峰会，发表主题演讲并参与多元对话，推动EAP行业发展。

史厚今在 2018 年中国 EAP 行业峰会参与圆桌对话

史厚今在 2018 年中国 EAP 行业峰会发表主题演讲

举办"第十五届中国（中智）EAP年会"，以"智心关AI，携手未来|EAP的无限可能"为主题，探讨未来员工心理健康服务发展趋势。

中智 EAP 团队与国际 EAP 协会中国分会主席赵然（左八）在 2018 年第十五届中国（中智）EAP 年会现场合影

发布智能EAP心理机器人"静静"，探索EAP与人工智能跨界合作新模式，为EAP行业的发展引领了新技术、开辟了新领域、创造了无限未来。

人工智能 EAP 机器人"静静"发布会现场。从左到右依次为：史厚今、潘军、国际 EAP 协会中国分会副主席刘正奎、竹间智能创始人兼 CEO 简仁贤

荣获国际EAP协会中国分会颁发的"优秀创新技术奖一等奖"。

优秀创新技术奖一等奖

持续推进产教融合，与华东师范大学、上海师范大学应用心理学专业共建实践教学基地。

中智 EAP 与华东师范大学产学合作
专业实践基地

中智 EAP 与上海师范大学产学合作教育基地签约仪式
现场照片

通过国家信息系统安全三级保护备案，并每年通过审核备案，践行信息安全及隐私保护至上理念，坚守数据安全底线。

发布《船员心理健康关爱手册》，开启了船员心理健康研究的新篇章，有利地促进了航运安全生产。

潘军在 2019 年第十六届中国（中智）EAP 年会发表演讲

《2009–2019 中国企业员工心理健康洞察报告》
发布现场照片

举办"第十六届中国（中智）EAP年会"，从专业的角度解读企业大健康发展趋势，共同探讨企业健康项目如何更有效地的落地和实践，从企业实践角度分享如何为员工打造健康管理体系并提升业务价值。

发布《2009–2019中国企业员工心理健康洞察报告》，为企业提供行业极富专业的真知灼见，促进健康企业建设。

▶ ▶ 2020

走出中国、走向全球，与全球EAP供应商ICAS达成战略合作，夯实国际市场服务力。

勇担时代重任，传递着央企正能量，主动作为，启动公益热线。在全球公共卫生事件中运用多种渠道、方式持续积极为企业员工及社会提供了专业的心理疏导与支持。

举办"第十七届中国（中智）EAP年会"，以"数据·未来·价值——变化时代组织心理赋能"为主题，一起探讨全球公共卫生事件影响下组织如何开展EAP服务的新模式，为促进员工身心健康，为企业赋能新管理。

中智 EAP 团队在 2020 年第十七届中国（中智）EAP 年会现场合影

发布《2019–2020中国企业员工心理健康洞察报告》，解读全球公共卫生事件对企业的影响和EAP的应对策略。

《2019–2020 中国企业员工心理健康洞察报告》发布现场照片

中智EAP研发的智能EAP心理机器人"静静"荣获《中国人力资源社会保障》理事会颁发的"中国人力资源服务业十大创新案例"。

荣获招商银行信用卡中心评选的"优秀供应商"。

中国人力资源服务业
十大创新案例

招商银行信用卡中心评选
的"优秀供应商"

▶ ▶ 2021

中智EAP总经理史厚今应邀参加2021中国EAP学术年会，并就《公共卫生事件背景下的EAP服务实践特点与特色》为主题发表演讲，解读不同阶段对企业的影响和EAP的应对策略，为企业的管理与EAP服务工作提供了新视角。

史厚今在2021年中国EAP学术年会发表主题演讲

2021年中国EAP学术年会现场照片

中国EAP三姐在2021年中国EAP学术会议合影。从左到右依次为：企业内部EAP专家檀培芳（左边）、国际EAP协会中国分会主席赵然（中间）、史厚今（右边）

积极参与中国EAP行业建设，成为中国社会心理学会员工与组织心理援助（EOA）创始理事单位。

建立"7×24小时"呼叫中心、数据库等多端服务体系的灾备机制，保障数据安全及业务正常运转。

入选央企"十三五"网络安全和信息化优秀案例名单。

联合上海市行为科学学会研发《职场心理健康指数新模型》，为现代职场的员工量身定做贴合工作场景的测评工具。

发布《即时配送行业心理服务指南》，营造更加良好的就业环境，推动即时配送行业生态的健康可持续发展。

举办"第十八届中国（中智）EAP年会"，以"从遇见到预见 防范心理风险，创建健康职场"为主题，从预防职场心理风险、构建可持续的健康管理体系等多角度进行深度剖析，助力企业构建"预防""改善""保障"多举措共行的健康管理体系。

中智EAP团队在2021年第十八届中国（中智）EAP年会现场合影

陆家嘴商圈白领关爱行动启动仪式现场照片。从左到右依次为：潘军、史厚今、陆家嘴街道党工委委员办事处副主任吴妹、人民网上海频道负责人金煜纯

▶▶▶ 2022

　　为北京冬奥会及冬残奥会服务保障人员提供心理支持服务，为冬奥会提供了重要的心理健康保障。

　　获得2项发明专利，6个计算机软件著作权，4个文字作品著作权，纳入知识产权体系，得到知识产权法律法规的保护。

发明专利证书　　　　　　计算机软件著作权证书　　　　　文字作品著作权证书

　　连续五年荣获人力资源媒体智享会颁发的"EAP臻选服务机构"。

2018-2022 年智享会 EAP 臻选服务机构

举办"第十九届中国（中智）EAP年会"，以"中智EAP20周年耕心主题盛典"为主题，回顾、分享及交流心理行业20年来的发展，探索员工关怀新趋势。

潘军和史厚今在 2022 年第十九届中国(中智)EAP 年会回顾中智 EAP20 年的发展历程

中智 EAP 团队在 2022 年第十九届中国(中智)EAP 年会现场照片

▸ ▸ 2023

上海行为科学学会理事聘书

中智EAP总经理史厚今入选上海行为科学学会理事。

中智EAP项目组高级经理毛寒晓受邀参与国际合作伙伴ICAS举办的国际峰会，推动中国EAP事业的国际化发展。

中智EAP总经理史厚今应邀参加中国EAP行业峰会暨EOA学术年会，并连任国际EAP协会中国分会常务理事。

史厚今参加参加中国 EAP 行业峰会暨 EOA 学术年会，并再一次连任国际 EAP 协会中国分会常务理事

中智 EAP 项目组高级经理毛寒晓、ICAS Co-founder & CEO Andrew Davies 在 ICAS 举办的国际峰会合影

荣获国际EAP协会中国分会颁发的"2023年度中国EAP卓越服务奖"。

倾力提升服务专业度，启动多项咨询临床的循证研究，不断促进咨询质量的提升。

2023 年度中国 EAP 卓越服务奖

核心管理团队成员

中智EAP总经理史厚今、执行总监殷实、项目组高级经理毛寒晓、项目组经理易清、个案中心高级经理陈雯、内容中心高级经理张利华、咨询顾问专家马竞文

团队成员

蒋浩、华蓓、沈若霓、陈萧瑶、李东芯、王嘉敏、陈懿华、何昕、俞艳妮、刘雅芸、张晓芮、汤安琪、王宇琪、唐璇、王亚、于洋、阮湘茗、欧阳潇琳、徐夏悦、周国欣、孙倩玮、朱颖

序一
PREFACE

风雨兼程二十载,从"心"认识中智 EAP

　　欣闻由中国 EAP 行业先行者——中智 EAP 编撰的书籍《从中智 EAP 看中国 EAP——员工心理援助 20 年历程》即将付梓,甚为欣喜。作为国内以实证形式系统、全面介绍中国 EAP 发展历程的专著,相信此书的出版,必将为广大心理健康服务从业者、企业 HR、社会公众了解和掌握中国 EAP 发展历程及未来趋势提供全新视角。

　　随着经济社会的发展,健康不再单纯是指没有生理疾病,更是一种在身体上、精神上、社会适应上的完美状态。据世界卫生组织统计,全世界有近 10 亿人存在不同程度的紧张、焦虑等心理健康困扰。世界经济论坛及哈佛公共卫生学院的研究估算,到 2030 年,全球因心理健康问题造成的经济产出损失可能达到 16.3 万亿美元,其中,中国预计将达到 4.5 万亿美元。EAP 作为解决职场心理问题的有效方式,在今天具有越来越重要的现实意义。

　　在此背景下,中智 EAP 借助创建 20 周年这一契机,启动并编撰了专门记录"中国 EAP"历程的书籍《从中智 EAP 看中国 EAP——员工心理援助 20 年历程》,旨在通过讲述中智 EAP 的发展历程、20 年来与中智 EAP 相遇相知的行业从业者及客户访谈案例、中智 EAP 的理论研究及数据分析成果等,以点带面勾勒出中国心理健康服务事业 20 年来走过的波澜壮阔发展画卷，力求为企业 HR、EAP 专业人员等提供一本理论与实践相结合、认识论与方法论相统一的案例教材，更好助推中国心理健康服务事业高质量发展。

通过梳理中智 EAP 20 年的不平凡发展历程，纵览书中一个个鲜活的案例和翔实的研究数据，不禁让人为 EAP 行业的过往、现在和未来发展心生感慨。

回顾过往，深感中智 EAP 的专业成长

历经 20 年的接续奋斗，中智 EAP 凭借专业、专注的"用心"服务，从刚诞生时的不为人所知，到成长为超过 500 人的专业服务团队，累计为千余家客户、1 000 余万名职场从业者提供了高质量专业心理疏导服务，厚植了业界领先的专业服务优势，多次获得"中国先锋人力资源服务商""最佳 EAP 机构"等荣誉，成为行业知名的专业 EAP 品牌，有力推动了 EAP 在中国的成长和发展。20 年来，整个心理健康服务行业在中国实现了长足发展与进步，EAP 连同心理健康行业的服务模式、商业模式、市场认可度等都发生了翻天覆地的变化，越来越多的企业开始重视员工的心理关怀，将 EAP 纳入组织管理体系，为企业维持组织健康度发挥了不可或缺的作用。

立足当下，更觉中智 EAP 的价值所在

当前，社会发展进入转型期，职业压力与心理健康对组织和个人造成的影响日渐增强。作为具有国资央企背景的 EAP 服务商，中智 EAP 自觉肩负起促进职场人员身心健康的历史使命和企业责任，不遗余力地进行 EAP 推广，持续创新 EAP 模式，用心用情开展专业心理咨询、心理科普宣传、线上公益微课等系列服务，期待通过一点一滴的努力让更多的人关注到心理关怀的价值，为更多的人提升生活品质，打造充满幸福感和获得感的健康型组织。

展望未来，深信行业发展的前景光明

习近平总书记在党的二十大报告中强调，要"推进健康中国建设，重

视心理健康和精神卫生"。这一重要论述对 EAP 领域的发展提出了新的要求,也带来了新的机遇。站在 20 周年的崭新起点,相信中智 EAP 会继续扛牢央企的使命担当,一如既往投身"耕心"之路,持续深化 EAP 与大数据、人工智能、脑机接口等新兴技术的融合应用,在继续深耕好民营企业、外资企业市场的同时,将央国企客户作为新的发力方向,同时积极推动 EAP 服务模式"走出去",努力为国内外客户提供更具人性化、智能化、多元化的暖心服务,为更好推进社会心理服务体系建设、打造更加健康美好的中国职场作出新的更大贡献。

最后,以本书付梓为契机,谨向各专家同行、行业 HR、广大客户和社会各界给予中智 EAP 20 年发展的关心与帮助、信任与支持、认可与厚爱表示衷心的感谢。期待未来通过各界的不懈努力,共同开创我国心理健康事业发展的美好明天。

是为序!

中智集团党委副书记、董事、总经理

王晓梅

2023 年 5 月于北京

序二
PREFACE

　　20 年多前，在一次我组织的人力资源专业交流活动上，第一次听到朱晓平讲"员工援助计划"（Employee Assistance Programs，以下简称"EAP"），就对它的商业模式和潜在价值产生了极大的兴趣，并与朱晓平于 2002 年一起创立了德慧企业管理咨询有限公司（中智 EAP 的前身，以下简称"德慧"），从而加入了创立中国 EAP 事业的行列之中。

　　回首当年 EAP 初入中国时，无人知晓 EAP 是什么，一切从零开始。我仍然清晰地记得，在 2003 年首届中国 EAP 年会上，媒体采访我时，问道"EAP 的发展前景如何？"我自信地说："EAP 有很好的未来成长性，我认为中国的 EAP 将在 10 年，甚至 20 年后会腾飞。"真的是光阴似箭，岁月如梭，转眼间已然来到了当年所说的 20 年后，经过长达 20 年的努力耕耘，EAP 在中国的发展也真的迎来了春天，这是新时代发展的必然。中智 EAP 在这 20 年间，走过了一条栉风沐雨、初心如磐、踵事增华、踔厉奋发的不平凡的艰辛之路。

　　2006 年，中智收购了德慧并以中智 EAP 的品牌面向市场。2013 年，由于内部业务和架构调整，EAP 业务并入中智关爱通（以下简称"关爱通"），成为关爱通业务中心之一。中智 EAP 团队从初创到成长，目前形成了项目组、个案中心、内容中心、专家组和产品研发组，组织结构功能齐全，得以为企业组织提供符合本土文化、契合企业需求的专业 EAP 服务。目前，在 EAP 行业内已经成为名列前茅的佼佼者……回顾我们团队历经风雨的 20 周年，当年坚信与践行的梦想，如今真的看到它茁壮成长，甚是欣慰。而它,则历经千帆、恰逢盛世、未来可期。

当初在没有人知道什么是 EAP 的时候,正是一批行业的先行者,用两条勤腿,一张勤口,用了 10 多年的时间,普及传播 EAP,让它被企业所了解。尽管这些年来,资本来试探过,走了;热潮曾出现过,也退了。留下的,正是守着坚如磐石的理念,守着这门慢热产业,等着春天到来的 EAP 坚守者。我想这不仅需要勇气,还需要坚守初心与对行业的信念。当然,也要有探索创新的精神,他们做的,不只是普及和传播,还需在中国的国情下不断探索研发让 EAP 生长的有效模式。

因此,我内心真诚地想说,EAP 作为舶来品,已不是原来那个域外的 EAP,它是中国式的 EAP。这也正是让人颇为惊喜的成果,任何不能就地发展和变化的外来事物,都是不可能长久的。而 EAP 在中国,在众多业内同仁们殚精竭虑的努力下,它正在中国的大地上健康地生长,这是可喜的事实。

我曾与国际 EAP 协会主席面对面交流,我说,EAP 名字很好,即员工援助计划,把什么都包容进去了,但其实就解决了一件事情——用咨询的方式解决员工心理方面的问题,但员工需要援助的东西远不止这些。我当年认为,EAP 用了一个大概念,却只做了一个小层面的事情。而可喜的是,这些年来,我们在保持 EAP 专业性的同时,使 EAP 的延展在不断扩大,已经突破了心理咨询本身。一方面,向"全人健康""财富管理"等个人方向延伸;另一方面,也在不断向组织融合,与组织发展、战略相结合,成为组织管理的工具。这让 EAP 尽可能朝着"大 EAP"的方向发展,且未来充满了想象力。其中,当然也包括了我们基于 EAP,从"治未病"的角度出发,所构建出来的关爱通,它正是"大 EAP"概念的雏形,体现出了 EAP 服务更宽泛的一个境界。

百年 EAP 并没有局限在所谓的专业里故步自封,而是与现代最先进的科技相结合,为更适合 EAP 在中国的"生长"做了各种尝试,这也是 20 年来最为振奋人心的一个关键。如中智 EAP 从 2009 年起就开始构建 EAP 基础数据库,到现在已经有近 15 年的数据积累,使得 EAP 有了数字化管理和应用的根基,也让 EAP 得以实现倍数级服务能力的增长;又如,我们尝试用人工智能来处理心理问题,智能 EAP 机器人"静静",能通过摄像头识别开心、愤怒、惊讶、恶心、害怕、悲伤、中性七种情绪,在对话交互中,针对工作、家庭、情感所产生的焦虑、抑郁、愤怒、害怕情绪,可向使用者提供心理知识与初步的心理辅导服务;再如,我们运用脑科学的技术,来辅助评估人的压力、睡眠和忧郁等量化程度,从而能为后期的心理干预提供更为立体和全面的数据支持……这些科技的赋能,让我们这个时代的 EAP 不断迭代更新。我想今天的 EAP,应该基于包括技术的不断赋能、不断融合,为它带来更新的想象和实践。

20 年来,伴随着中国经济的快速发展,心理健康的需求越来越多,国家也越来越重视全民的心理健康以及社会心理服务体系的建设。同时,在国家政策层面不断给出利好举措,这对于 EAP 而言,也是强有力的支持以及巨大的推动力。在创建幸福中国、健康中国的大政方针之下,我想,EAP 必将有所发展。与此同时,我们也看到中国社会整体的心理健康服务建设还是相对滞后的。我相信,EAP 作为一套在西方运行了 100 多年,在中国也有 20 多年历史的服务,其模式和理论完整、技术成熟、实践充分。它必将成为对整个社会心理服务体系的一个有利补充。它既是一种创新发展契机,也是时代赋予我们的历史使命和责任,长路漫漫,其修远兮,我们将百折不挠,不遗余力地去追求和探索。

中国 EAP 发展壮大的 20 年,也正是中智 EAP 成立、发展的 20 年。在它迈向下一个 20 年的当下,在它迎着未来继往开来的当下,我们决定出版这么一本书,作为一种回顾,也作为一种前行的力量,更是一种致敬,向 20 年来为 EAP 事业辛勤奉献的行业人致敬,期待下一个 20 年里,有更多的 EAP 同行人一起创造更加辉煌的明天。

这是一部讲中国 EAP 20 年发展史的著作,全书为了避免生硬地历史讲述,采用行业人物口述加资料整理的方式完成。本书在写作上,既宏观展现中国 EAP 发展的历史大背景,又展现中国 EAP 具体而微的实践,以中智 EAP 为蓝本,全面展现了中国 EAP 发展的 20 年。其中涉及了 EAP 在中国的早期社会传播、发展模式、市场格局、行业发展、产业生态等多个侧面,同时结合历史研究成果、人物访谈、企业实操案例,向读者全景展现出中国 EAP 的 20 年发展，及其经过验证的中国式 EAP 发展模式。

希冀本书的出版能得到中国 EAP 的理论界和实务界对推动 EAP 在中国本土健康有序地发展的更多关注，并提供更多的真知灼见和智慧分享。

20 年弹指一挥间，中智 EAP 一路上得到了许多贵人的帮助和支持，想要感谢的人很多，在这里我一并表示诚挚的感谢！

首先要感谢朱晓平把 EAP 的服务模式介绍进了中国，才有了我们联合创立的德慧；还要感谢原中智集团党委副书记、副总经理，中智上海经济技术合作有限公司党委书记、总经理石磊，没有他的慧眼和远见，德慧不可能成为中智 EAP，也就不可能会有今天的关爱通；还有对于中国 EAP 事业给予积极推动的原国际 EAP 协会主席约翰·梅纳德（John Maynard）、原中国科学院心理研究所博导时勘、原清华大学心理学教授樊富珉、现任国际 EAP 协会中国分会主席史占彪、原国际 EAP 协会中国分会主席赵然，他们为历届的中国 EAP 年会站台、摇旗呐喊，是我们能坚持 20 年初心不改的坚强后盾。

我还要特别感谢中智集团党委副书记、董事、总经理王晓梅女士，每次邀请她为中智 EAP 代言，她都是精心准备，反复推敲，直至给出完美的呈现。谢谢晓梅总百忙中给予 EAP 的关照和大力支持！

从邀请史厚今接棒朱晓平参与管理德慧业务，再到领衔中智 EAP，我可以很负责地说，中智 EAP 能取得今天的成绩，与史厚今的全情投入和孜孜以求，以及她带领的中智 EAP 团队的坚持和专业能力是分不开的。谢谢您，史老师！希望您能继续陪伴中智 EAP 更上一层楼，开启数智时代的新篇章。

中智关爱通（上海）科技股份有限公司总经理

潘　军

2023 年仲夏

　　我很荣幸向大家介绍这本书。中国的 EAP 在 20 年前才开始起步，自从迈出发展第一步，中国的 EAP 行业规模和技术水平在短时间内迅速增长，并在全国各地的城市和组织中健康蓬勃发展至今。在这一背景下，现在正是我们回顾过去 20 年，并准备迎接 EAP 行业未来更积极发展和成熟壮大的良好时机。

　　我于 2004 年首次到访中国，并以国际 EAP 协会的首席执行官的身份，参加在北京举办的国际 EAP 会议。在那次参访中，我就已经看到中国 EAP 行业的发展潜力。显而易见，中国经济的快速增长意味着企业需要具备资源和动力来帮助员工保持高生产力和士气。EAP 的服务主旨正是帮助员工减少工作场所中可能降低员工生产力和士气的障碍，帮助员工提升在工作和家庭中的幸福感，并帮助员工平衡工作和生活。所以，潜在的 EAP 市场早已在中国出现。当时的两大主要挑战是 EAP 专业人才队伍的培养和如何向组织展示 EAP 的价值。

　　2005 年，我们在上海举办了年度亚太员工帮助圆桌会议，随后又在北京举办了第一届中国国际 EAP 论坛。2007 年，我们开始为中国的 EAP 和人力资源专业人员提供为期四天的国际 EAP 培训课程。2004 年到 2015 年期间，我有幸每年被邀请到中国参加会议演讲，与企业领导者见面并教授培训课程。从国际 EAP 协会退休后，我在 2018 年和 2019 年也分别前往中国继续推广 EAP。

　　正如在本书中所介绍的那样，中国的 EAP 行业虽一直面临着挑战，但有如朱晓平这些行业开拓者,根据中国企业的独特需求调整了 EAP 服务的商业模式,如赵然这些学术研究者开展并传播研究成果,对 EAP 行业的发展和市场教育起到了引领作用。除此之外,中国科学院也通过了健康促进中心支持国际 EAP 协会中国分会发展 EAP 行业的伦理准则。

我相信,无论未来如何发展,EAP 在中国的发展前景一片光明。从我首次访问中国至今,最令我印象深刻的是学术研究者和 EAP 从业者的无私奉献、全情投入和无限的活力。在本书中,你将感受到这种能量在文字中的鲜活呈现。

EAP 的概念可以被应用于任何社会、文化或人际合作环境,也在世界各国以及各种规模和类型的公司、工会和政府组织中蓬勃发展。短短 20 年间,中国 EAP 已在世界 EAP 行业中确立了自己的地位,未来必将更加美好。本书展现的正是这段精彩的旅程。

国际 EAP 协会首席执行官(2004—2016)

国际 EAP 咨询顾问(1986—2021)

约翰·梅纳德博士

2023 年 6 月

前言
FOREWORD

中智 EAP 初诞生时,中国熟悉 EAP 的人士寥寥无几。

这 20 年来,中智 EAP 从被接纳,到起步,再到坚持、沉淀,披坚执锐,在推动中国 EAP 发展的道路上,留下了一座座永不褪色的里程碑。

这 20 年来,我们有许多的同行者!

这 20 年来,我们有许多的支持者!

这 20 年来,我们实现了一个个目标、克服了一个个困难、赢得一个个成就,收获满载……

在此,梳理回顾中国企业员工心理健康事业发展历程,中智 EAP 走过的 20 年意义非凡。

本书以访谈形式深入采访了 EAP 行业的专家学者、从业者、企业客户等多种层次的职业角色,共同讲述 EAP 发展的 20 年,展现了中智 EAP 20 年发展历史中的各个阶段,从萌芽到发展壮大,乃至成为中国 EAP 中坚力量的全过程。基于丰富的服务案例,希望能让广大关心中国企业员工心理健康发展的企事业单位、中国 EAP 领域的同行们,更深入且全面地了解中智 EAP。

在本书的编辑过程中,得到了中国 EAP 的引入者朱晓平、原清华大学心理学教授樊富珉、原中国科学院心理研究所博导时勘、原国际 EAP 协会中国分会主席赵然、企业内部 EAP 专家檀培芳、国家社会心理服务体系建设试点地区专家闫洪丰等业界专家的支持。作为行业的领军人物,他们在百忙之中,认真参与了各个阶段的深度访谈,这里对此表示深深的谢意。同时感谢在中智 EAP 发展过程中，给予指导与支持的专家老师，以及携手同行的客户企业，你们永远是我们成长的目标和动力！

光阴荏苒，作为个人，我由衷地感谢邀请我加入 EAP 事业的潘军总经理，因为他，我才找到了倾注全然热爱的事业，收获了职业荣誉与价值感。从业的过程中，有迷茫有困境，但更多的还是突破和前行，EAP 已然成为我生命历程中不可分割的部分。

同时感谢中智领导对我们新兴行业的持续支持及中智关爱通各位领导，丁梓一、皮兴忠、邬文皓给予我的全力支持和无条件帮助。

最后，特别感谢曾经的伙伴徐敏、陈林，及现在我们所有的同事们，你们的青春、执着、对专业的真挚追求时刻感染着我，为了一个共同的目标，我们携手同行，期待中智 EAP 基业长青！

站在 20 周年的新起点，面对新的时代背景，中智 EAP 仍将锐意进取，笃行不怠，中智 EAP 将继续致力于打造更加健康美好的中国职场而奋斗。

因风道感谢，情至笔载援，感谢之情溢于言表，再次谢谢大家！

中智 EAP 总经理

史厚今

2023 年 7 月

目录
CONTENTS

第三辑 研 究 分 享 篇

第四辑 展 望 未 来 篇

第一辑

历史回顾篇

自 1998 年 EAP 开始在中国萌芽，至 2002 年前后才有了中国 EAP 服务商，开启了中国 EAP 实践和探索的历程，至 2023 年已经 20 余年。其间经由无数中国 EAP 人的不懈努力、励精图治，中国 EAP 事业从无到有、从有到精，已逐渐成长为壮阔的事业。

　　本辑内容，通过中国 EAP 参与者们的口述，以中国 EAP 服务商——中智 EAP 的诞生、成长、壮大过程为主线，以小见大，全面展现中国 EAP 发展的历史大背景，客观地反映了中国 EAP 的具体实践，从 EAP 在中国早期的社会传播、发展模式、市场格局、行业发展、产业生态、技术革新、社会责任等多个侧面，勾勒出中国 EAP 20 年栉风沐雨、波澜壮阔发展的历史大图景。

中国 EAP 的种子寻土萌芽

受访者简介

樊富珉,曾任清华大学心理学教授、博士生导师。现任北京师范大学心理学部临床与咨询心理学院院长,教育部普通高等学校学生心理健康教育专家指导委员会委员,卫生部全国心理援助热线专家。长期从事社会心理学、咨询心理学、积极心理学等方面研究,研究方向包括人格发展与心理健康教育、团体心理辅导咨询与训练、心理问题早期发现与危机干预自杀预防、生涯发展规划与职场心理咨询、心理咨询师培养与教育、积极心理学应用等。樊富珉也是国内 EAP 发展的最早推动者之一,一直活跃在心理健康教育与心理咨询的学术舞台上,迄今发表相关学术论文 130 余篇,出版著作、合著、主编心理咨询与心理健康教育相关书籍 40 多部,参与多部心理咨询专业书籍及教材的翻译和审校。

引言

20 世纪 90 年代,一些中国年轻的学者、学生到美国、日本等国家留学深造学习心理学,逐渐接触了 EAP,并深刻地认识到了 EAP 在企业管理中的重要意义和作用。回国后,他们开始进行 EAP 领域的研究、探索和推广,这是中国 EAP 的启蒙阶段。

一、背景故事

1990 年,中华人民共和国国家教育委员会(后更名为中华人民共和国教育部)公派了第一批 10 名在学生工作系统的高校教师到国外留学,樊富珉(时任清华大学社会科学系讲师)就是其中之一,她选择了去日本筑波大学心理学系进修。

在留学专业上，樊富珉选择了心理咨询专业。因为当时国内少数高校刚开始出现心理咨询，但还仅仅停留在为学生提供个别心理服务，并没有全面形成对心理咨询的科学认识，咨询心理学学科完整体系尚未形成，她认为这个崭新的应用心理学领域是值得学习的方向。而正是这个选择，让她有了接触 EAP 的契机。

当时她在日本筑波大学心理学系的导师，正是日本心理咨询界泰斗级大师松原达哉先生，他不仅时任筑波大学心理学系教授、校学生心理咨询中心主任，还兼任着日本大学心理咨询学会会长，以及日本产业心理咨询学会会长。

产业心理咨询正是日本式的 EAP，这个概念当时在国内还没有听闻，樊富珉对此十分好奇。她跟着导师去参加产业心理咨询学会年会，并走访企业实地考察产业心理咨询师如何开展企业员工心理健康服务的实践。她了解到，产业心理咨询就是为职场人士提供心理咨询，日本的企业提供心理咨询服务的历史比学校心理咨询更长，制度更加完善。日本不仅在企业内开展心理咨询，而且还有专门的产业心理咨询师系列培训标准和考试。在一家日本银行的企业健康管理部门里，她看到，那里针对员工健康的指导，不仅有体检和针对疾病的治疗，还有心理健康服务，如心理测量、心理咨询，设有多间"员工恳谈室"。这类产业心理咨询服务也被称为内部 EAP。

产业心理咨询不同于学校心理咨询、社区心理咨询和医疗心理咨询，主要以各企业、组织、公共机构内工作的成员以及他们的家属为对象，提供心理支持与援助。支持内容主要包括：职场人际关系、工作调动、跳槽、职场适应、人事问题，以及他们在企业外部的家庭问题、婚姻问题、子女教育问题、退休及年老后的问题、健康问题、经济问题等，这常常涉及员工的日常生活和经济方面。

产业心理咨询的特点是服务的人数多，社会影响力和传播度大。人数多是指人口覆盖面广：下至刚刚毕业走上工作岗位的职场新人，上至即将退休的员工，这些职场人士都是产业心理咨询的服务对象；影响大是指这个年龄层的人是家庭和社会的中坚,承担着繁重的工作压力,以及教育子女维系家庭的重担,他们的心理健康程度直接关系着庞大的国民群体的生活质量、家庭的稳定、企业的生产效率和社会的和谐。职场人士面临很多压力、困惑,他们有家庭、有工作,有多重的责任,而职场又是一个非常复杂的环境,他们所产生的心理情绪问题远比大学生多,是对心理咨询更有需求的群体。

这些见闻大大拓宽了她对心理咨询应用的理解,虽然留学期间她主要学习的是学校心理咨询,但"企业运用心理援助为员工服务是现代企业发展"的必由之路的想法却深深植根于她的脑海。这是樊富珉与 EAP 的初识。

二、萌芽阶段中国 EAP 的困局

1991 年 6 月回国后,樊富珉把主要精力放在清华大学心理咨询中心主任的岗位上,同时担任了中国心理卫生协会大学生心理咨询专业委员会副主任委员,在全国高校推广规范的、专业的心理咨询。

此后发生的三件事情使她意识到,EAP 在国内是有需求的。于是,她决心开始去尝试和推动 EAP 在中国的应用发展。

事件 1 轰动一时的某合资企业高管自杀事件

1993 年 3 月,某合资企业高管跳楼自杀。此事犹如一颗重磅炸弹,引起巨大震动,海内外媒体纷纷报道。

因为那时中国企业的改革刚刚起步,该高管所在的企业是中外合资企业的典范。该高管本人是位出色的企业家,在行业声名远播。在企业蒸蒸日上、事业也蓬勃发展之际,他却选择了跳楼自杀。

当时外界对该高管自杀有各种猜测,媒体刊登出他当时正面临来自工作、家庭、社会等方面的多重压力。这让樊富珉意识到,企业家和员工的心理健康,都需要引起社会的关注。

事件 2 参与编撰《中国企业改革大全》

在 1992 年前后,由清华大学人文社会科学学院教授刘美珣担任主编的《中国企业改革大全》开始进行编撰。刘教授认为,在中国改革中,企业家群体正在兴起,使这本大全中增设关于企业家心理的词条,以体现出对企业家群体心理健康的关注。于是,她邀请樊富珉来撰写这部分词条。

樊富珉欣然接受了这个邀请,在当时国内几乎没有任何中文参考资料的情况下,参考了日文、英文资料,加上自身讲授心理健康课程的经验,编写了包括企业家的心理素质、企业家的心理健康、企业家的性格、企业家的气质、企业家的婚姻、企业家的压力等在内的十几个词条,这是国内较早关于企业家心理健康指南的内容。而正是通过编撰工作,更让樊富珉意识到国内对企业家和员工的心理健康关注的匮乏。

事件3　突发事件后被邀请去做心理干预

1994 年的一天,一家在京的中外合资企业发生了流水线工人意外坠亡事件,一时间各种流言迅速传播,员工人心惶惶。这起意外在该企业员工中产生许多负面的影响,企业工会为了协助员工调整情绪,尽快恢复正常工作秩序,邀请高校的心理学家给员工做心理辅导。樊富珉应邀去给一线工人做心理干预,通过心理健康和自杀预防的讲座以及便于操作的减压训练,帮助员工处理压抑、焦虑、担心和恐慌。由于员工的再三要求,原定于 1 个小时的辅导延长到 2 小时。事后,工会干部非常感慨,平时对集中学习、报告不太感兴趣而坐不住的流水线工人,居然可以集中精力听 2 个小时的讲座。这的确反映出他们内心强烈的需要,心理健康教育与心理服务对员工对企业都非常必要。

这几件事情使樊富珉看到,中国企业的心理健康需求正在慢慢形成。她曾作为清华大学机械工程系的学生,对企业并不陌生,加上 1984 年就读研究生时,又接触了组织行为科学,使她对心理学在企业中的应用有了一些认识,以及之后在日本留学期间了解了日本产业心理咨询……众多因素综合作用下,樊富珉开始关注中国 EAP,尝试根据企业的特点和需要为企业家、管理层、领导干部、离退休人员、计划被裁员的对象、女员工、青年员工进行个别的、团体的心理咨询。咨询内容涉及职场人际关系协调、工作压力管理、企业团队建设、沟通技能提升、员工心理健康、家庭事业平衡、家庭关系与子女教育、经营美满的婚姻、员工生涯规划、时间管理、人际冲突与调适等。由此,樊富珉成为国内 EAP 萌芽时期的实践者和推动者之一。

三、在 20 世纪 90 年代的中国，EAP 是一个陌生概念

在 20 世纪 90 年代的中国社会，甚至学术领域，EAP 都是一个陌生的概念。尽管那时，它已经是 90% 的世界 500 强企业都会引入的一项成熟的员工福利计划，但在中国，仍然鲜为人知。

EAP 起源于 20 世纪 30 年代，美国酗酒者匿名团体（Alcoholics Anonymous，以下简称"A. A."）的成立，被认为是 EAP 项目的最初形式。酒精依赖是当时北美普遍的社会问题，并且已经广泛影响到工作场所，会导致一系列工作问题，如员工出现因酗酒怠工、离职、装病等现象。A. A. 通过一些互助活动，帮助酗酒者戒酒，恢复正常生活，取得了众多企业主、农场主的支持。

伴随着经济的快速发展，到了 20 世纪近 40 年代，美国更加关注酗酒问题对于企业绩效的影响。当时很多企业开始开展职业戒酒方案（Occupational Alcoholism Program，以下简称"OAP"），聘请专家进入到企业，帮助员工解决酗酒问题，减少和预防酗酒行为，来改善员工的健康状况和他们的工作绩效。到 20 世纪近 50 年代，美国的国家酒精中毒委员会还推动实施了酗酒治疗项目，使得酗酒治疗方案不断正规化，并且在企业中得到更广泛的应用。

但是 OAP 更多是从医疗角度解决酗酒问题，专家在帮助酗酒员工的过程中，发现酗酒只是一种表现，其背后有很多原因，如工作不满意、职场人际冲突、婚姻问题、健康问题等，所以不能只关注酗酒本身，而应该帮助员工全面改善心理健康状态。20 世纪 70 年代，专业的 EAP 组织在美国成立，EAP 帮助员工的范畴也从解决酗酒问题延伸到了人际关系、家庭工作的平衡、个人职业发展等多个层面。EAP 的概念得到了更新，内涵也变得更加丰富，外延成为"职业健康促进计划"。职业健康促进计划，提倡心理健康不能仅关注员工心理，要同时关注员工健康和组织健康，并提出了"预防在先"的概念。

20 世纪 80 年代以来，随着社会进步、企业壮大、管理思想的革新，EAP 在英国、加拿大、澳大利亚等发达国家都有着长足发展和广泛应用。

进入 21 世纪，EAP 的发展有了全新改变。这个全新改变，源自积极心理学的兴起。2000 年美国宾夕法尼亚大学的马丁·塞利格曼（Martin E.P. Seligman），和他的搭档一起发表了《积极心理学导论》，这标志着积极心理学的诞生。和传统心理学最大的区别在于它认为，大部分人的心理没有问题，但有心理健康发展的需要，他们需要更健康、更快乐、更幸福，所以心理学应该改变传统"研究痛苦"的视角，去研究人的幸福、优势、美德、力量。积极心理学理论对 EAP 产生了很大影响，很多组织开始把"员工援助计划 EAP"改为"员工幸福计划 EHP""员工发展计划 EDP""员工成长计划 EGP"等，不再单纯让心理咨询专家去帮助有心理问题的员工减少痛苦、处理问题，而变为帮助员工群体提升他们的积极心理健康、幸福感和生活满意度。

国际 EAP 协会对 EAP 的定义是，一个旨在帮助工作组织解决生产力问题，并帮助员工识别和解决包括健康、婚姻、家庭、财务、酒精、毒品、法律、情绪压力或其他可能影响工作业绩等个人问题在内的项目。

樊富珉认为，EAP 就是组织出资，员工及其家属免费使用服务，以心理健康服务为核心服务内容的综合员工福利计划。

她认为，心理咨询是 EAP 重要的服务内容，但 EAP 不只是心理咨询，而是一个以心理健康服务为核心内容的综合员工福利计划。

EAP 在 20 世纪 90 年代的中国出现时，关于它的概念是什么，曾经过很漫长的传播、认识、普及过程。当它逐渐为中国 EAP 先行者接受时，中国的 EAP 才开始破土而出，萌发出强劲的生命力。

四、萌芽中的中国 EAP 实践困境

作为中国 EAP 较早的关注者、实践者和推动者，樊富珉在 1991 年从日本留学回来以后，已经尝试开展一些 EAP 的服务和培训。在清华大学继续教育学院，为企业家群体提供心理健康、家庭事业平衡、员工关系等方向的培训。这也是中国较早的 EAP 培训服务。

但国内真正 EAP 服务实践，直到 1998 年才出现。

那时，中国改革开放日趋深化，外资企业逐渐规模性地进入中国市

场。一些外国员工来到中国工作，由于生活、环境、工作的改变，他们面临着文化适应、人际关系冲突等各种问题和压力。这些外派员工在总部享受过 EAP 的福利，因此，他们希望继续用 EAP 解决个人面临的种种挑战。正是这些外资企业员工的需求催生了中国 EAP 市场的萌芽。

但对于刚刚萌芽的中国 EAP 来说，没有土壤，一切都要从零开始，这必将是个漫长的过程。而 EAP 生存所欠缺的土壤，主要表现为以下五个方面。

第一，需要企业有灵活性。在计划经济下，中国企业没有灵活发展的空间。改革开放以后，在市场经济推动下，企业逐步开始有了自主的灵活性，能够去做战略、做规划，而这时，也才有了 EAP 发展的土壤。

第二，个体的需求要能够被看到。中国传统企业中，对人的个体化的关注不够，更强调的是统一思想、统一行动。个体的需要、个性化的服务是被忽略的，这是当时 EAP 发展的一个障碍。但健康、幸福的员工，才是健康组织的基础，如果员工职业倦怠、心理健康不佳，就不能很好完成绩效，企业生产力就无法提升，组织就难以持续发展。

第三，要有归属的组织架构。EAP 是为企业和员工服务的，但 EAP 进入企业，在企业组织框架中归属于哪个部门，是个很大的问题。所以，进入中国后，EAP 只能探索寻找在企业组织架构中的落脚之处，有些放在人力资源部门，有些放在健康部门，有些放了工会，有些则放到了党群部门……

第四，要有 EAP 的核心技术。EAP 是以心理咨询为核心技术进行心理疏导。但由于心理学在中国发展并不是很顺利，以心理学理论、技术为基础的 EAP 的服务，在中国的发展必然也会是非常艰难。

第五，要有专业的 EAP 人才。作为一项专业的服务，需要有专业的人来实施，但中国 EAP 在萌芽阶段却缺乏这样的人才，这是 EAP 早期发展中最大的障碍和痛点、堵点。

万事开头难。2003 年，原清华大学心理学教授樊富珉、原中国科学院心理研究所博导时勘、德慧企业管理咨询有限公司创始人(以下简称"德慧")潘军及朱晓平、北京师范大学心理学部教授张西超共同成立了推动中国 EAP 发展的五人小组，他们由心理学界学者、教授、企业经营者和一线 EAP 实践者构成。

五人小组成立后，他们积极探索中国 EAP 的发展，主要在以下四个方面做了推进。

一是大力宣传 EAP，在各种会议上去宣传、讲解 EAP，并在国内开展 EAP 的学术交流，让更多的人了解 EAP，推动 EAP 事业发展。

二是对"EAP 专员"这一职业做出清晰界定和充分论证，并向中国社会劳动保障部申请设立"员工援助师"这一新的职业。这是国内 EAP 领域一次较大的论证和研究，五人小组在几年中对国内外情况进行调研，做出了论证职业必要性等大量努力。虽然职业审批答辩最终没有通过，但事情本身非常有意义。当时社会劳动保障部专家团成员们对 EAP 尚不了解，通过这次的审批过程，让中国相关政府部门层面了解了 EAP，这也是对 EAP 的一种推广和传播。

三是编写 EAP 相关教材，即《员工援助师》。中国以往设计的教材主要是由学者完成，但这本《员工援助师》的编写邀请了作为 EAP 服务商的潘军、朱晓平等人，是一次多方合作的 EAP 行动。由此，中国的员工援助体系正式形成。

四是做了大量 EAP 相关培训。作为清华学者，樊富珉凭借在咨询领域积累的影响力，活跃在不同的机构里面，同时也去大型企业做宣教工作，对 EAP 宣传、普及和教育，都起到了非常大重要的推动作用。

见证人樊琪[①]如是说

20 世纪 90 年代，改革开放的中国为 EAP 的萌生创造了几个方面的条件。

其一，社会上大量的企业改制、拆分、兼并、重组、裁员，既给"企业人"带来了巨大的机遇，也使企业管理，特别是人力资源管理面临严峻的挑战。无论国企、民企都在努力求解、力争上游。这成为中国 EAP 的强劲

---

① 樊琪：心理学教授、心理学博士，首批注册高级员工援助师，首批认证国家职业资格高级人力资源管理师。

的社会内需。

其二,国际上以美国麻省理工大学斯隆学院教授彼得·圣吉(Peter Senge)为首的资深管理学专家所倡导的学习型组织建设的现代组织管理理论迅速普及,也引发我国从中央到地方的热烈呼应。该理论的核心观念是企业若要可持续发展,"企业人"从高层领导到基层员工都必须注重五项修炼,即:自我超越、改善心智模式、建立共同愿景、团队学习和系统思考。特别是第五项修炼"系统思考"至关重要!而 EAP 能够有效帮助"企业人"进行五项修炼,发挥优化组织行为、提高组织效率的积极作用。这为中国 EAP 提供了先进的理论借鉴。

其三,随着中国的改革开放,吸引了大量外资企业包括世界 500 强企业涌入中国(例如杜邦、诺基亚、三星电子等)。这些企业有的来自西方发达国家,其总部要求必须为其员工提供 EAP。而这些企业的中国分公司在落地建设、人员招聘、培训开发、组织内外冲突的解决、跨文化沟通等方方面面也急需得到当地的切实支持。这成为中国 EAP 的外力推动。

综上可见,20 世纪 90 年代的中国,EAP 服务虽然已经呼之欲出,但毕竟还是新生事物。与之相应的情势是:企业 EAP 有需求方而缺少服务方;为数不多的服务方是个体而非机构;EAP 本应成为企业战略性人力资源管理的新模式,但实际上还只是将其作为头痛医头、脚痛医脚的临时应对措施。然而上述三方面的因素已成为中国 EAP 萌芽的培养基。

深耕细作 培育大树

受访者简介

潘军,德慧创始人,中智关爱通(上海)科技股份有限公司(以下简称"关爱通")副董事长、总经理,上海人才服务行业协会专家。具有丰富的中外企业管理和咨询经验,擅长员工关系、弹性福利、员工援助计划、职业发展、能力评估和组织诊断等咨询和实施。曾获"第二届上海十大互联网创业家""人民网上海创业导师"等荣誉称号。同时,他也是"中国企业员工关爱行动"发起人、上海人才研究会理事、上海数据治理与安全产业发展专委会成员。

引言

1998 年后,EAP 正式进入中国,但最初三年的发展非常缓慢,EAP 仅仅停留在概念认识以及外资运营的萌芽阶段。直到 2001 年,中国才有了第一家本土 EAP 服务商,开启了中国 EAP 的实践和探索。此后,中国 EAP 也进入了生长阶段,十几年间不断涌现出专业从事 EAP 业务的服务商。中智 EAP 的前身,即德慧,就是在较早期进入 EAP 行业的其中一家服务商,它成立于 2002 年,靠着战略布局和结构性输血,在困境中艰难、顽强地生长。

一、背景故事

1997 年,潘军进入一家英国咨询公司任首席代表,咨询公司的老板送了他一本书《基业长青》。这是美国管理学家吉姆·柯林斯、杰里·波勒斯的著作,研究如何创造一家卓越的企业,并保持它的长久繁荣。书里曾这样描述两种能力：拥有一个伟大的构想或成为高瞻远瞩的魅力型领袖，好比是"报时"；建立一家公司，使公司在任何一位领军人物（或最高领导者）去世后的若干年或经历许多次产品生命周期更迭后仍然能欣欣向荣，好比是"造钟"。"报时"型的领导，更多的是凭借个人的才华和天赋管理企业，个人的决策能力对于企业的发展至关重要。当"报时"型的领导者卸任后，如果不能够找到具备同样能力的接替者，企业就可能会逐步丧失市场的领先优势。而"造钟"型的领导者，更多的是构建卓越的组织力，给企业建立文化和制度体系。通过文化和体系的建设，将个人的能力在整个企业范围内弱化，企业不再依赖于某个人的领导力，企业的文化基因和制度体系会促使企业持续保持活力和创新。潘军，想要成为一个"造钟"的人。

2001年，他已经在人力资源行业打拼了几年，一直在思考"中国企业到底需要什么样的人力资源服务""中国企业员工未来会有什么样的人力资源需求""什么样的商业模式是可持续发展的"，同时他也一直在寻找一种不同于传统人力资源咨询、培训和猎头，那种点状业务模式，而是具有持续发展可能性的商业模式。

那什么事适合"造钟"呢？正在思考时，一个人为他展开了崭新的事业图景。这个人，是朱晓平，而这份新事业，就是EAP。

2001年底，潘军从外资企业离职，2002年，注册成立德慧。从此，开始了他的"造钟"生涯。

二、EAP，一份适合"造钟"的事业

还在做咨询公司首席代表时，潘军建立了人力资源专业俱乐部（HR Professional Club，以下简称"HRPC"），经常组织各种交流和分享活动，探讨人力资源相关话题，传递最新的全球业界信息。

在一次活动上，HRPC邀请了朱晓平。彼时，他作为澳大利亚IPS员工援助有限公司（以下简称"IPS"）中国代表处代表，来中国市场拓展业务，寻找EAP服务的本地化落地资源。在HRPC的分享会上，朱晓平介绍了他正在开展的EAP项目。

　　这是潘军第一次听到"EAP"这个概念，多年深耕人力资源行业，让他敏锐地觉察到，这是一个很新、很好的概念，EAP 或许可以为未来人力资源管理带来全新价值。由于文化背景不同，东西方对人才的定义和管理标准存在一定差异，舶来品"HR"在中国很难有更深远的发展。如果做一家有本土特色的人力资源咨询公司，或许能对中国人力资源行业产生更远大的影响。传统人力资源解决的是员工基本的劳动保障，关注点都放在薪酬和成长上，缺少精神层面的关怀，而 EAP 所提供的心理关爱，可以很好地弥补人力资源在文化和价值层面的缺失。

　　随后，潘军立即约了朱晓平进行深度交流。深入了解 EAP 后，潘军认为，无论是从组织健康发展的维度，还是从社会层面提升大众心理健康的维度，EAP 都有清晰的价值标签。而且，EAP 有一套包含服务体系、宣传体系、收费模式在内的标准运作流程，是非常成熟的保险模式，而中国完整地用全球 EAP 模式开展项目的企业并不多。他相信，随着中国经济的高速发展，心理健康的需求会逐渐被国人所需要，未来的中国人力资源也一定会需要 EAP 这样的管理资源，这正是个适合"造钟"的事业。

　　一个熟悉市场、有市场资源的人，正在寻找商业机会；一个带着新概念、有完整模式的人，正在寻找市场资源。两人一拍即合，一份"造钟"事业，就此开始生长。

　　潘军虽然选择了 EAP 作为他"造钟"的"基业"，但他知道，EAP 的腾飞，可能是在 10 年，甚至 20 年以后。所以，要有理想目标和战略思维，要胸怀远大、努力当下、谋求未来，甘愿成为一个开拓者去推动 EAP 的发展，扩大 EAP 的影响力，助力它承接住 10 年、20 年后的需求。

　　而这，正是一个"造钟"人的使命。潘军笃信，EAP 可以开启一个伟大并长盛不衰的事业。

三、为"造钟"战略布局，结构性输血

　　理想远大，激情盎然，但要养活一个公司，还得要有现金流。为此，德慧做了三年战略规划，战术上结构性输血，确保公司良性生长。

　　在战略上，德慧首先做出清晰定位。德慧是一家做 EAP 的公司，突

出理念性和专业性;其次,设定了三年发展目标,这个目标需要包含针对公司、EAP项目和业务发展的明确指标。除此之外,德慧还需要寻求更大的支撑平台,帮助EAP脱离现实困境,拥有长远、稳定发展的保障。

在战术上,德慧采用结构性输血的模式,用一些外延的业务来提供现金流,保障EAP有足够的生长空间,可以坚持对标国际化标准的运营模式和专业性。

在业务的具体执行推进上,德慧又基于EAP提出了企业核心的业务理念"心的力量,新的成长"。"心的力量,新的成长"是指,在一个健康的组织背景下,具有良好心理状态的人,如果能够发挥其高水平的胜任能力更容易获得成功。对企业而言,员工是企业成功与否的关键。企业和员工都需要拥有"心的力量"保持心理健康,"心的力量"又会带来"新的成长",创造出新的成就。这个理念成为德慧在主基调上保持专业的指导思想,并沿用至今。

德慧早期的业务规划便是基于"心的力量,新的成长"这个理念,并结合核心胜任力、心理状态和组织环境这三个与健康组织息息相关的概念所确立的。德慧早期主要业务方向为"基于胜任能力的人力资源管理咨询""职业心理健康管理咨询""组织行为和心理学相关的人力资源咨询"以及"人力资源战略规划咨询"。

在业务形式上,德慧主要开展培训、测评和咨询服务。具体而言,便是创建卓越组织内部培训管理系列,包括人力资源管理系列、个人能力提升、职业心理健康和组织发展等;在协助企业建立核心胜任能力的基础上,通过招聘与甄选、培训与发展、评估与反馈,使员工最大限度地满足企业战略发展的需要;通过建立多层面的心理健康管理体系增强员工的职业心理健康意识,平衡工作与生活;帮助企业实现事务性人事管理向战略性人力资源管理转变。

这种方式是德慧在早期发展中,为保持EAP生存并且成长,所采取的"第一手"做法:把EAP的外延扩大,做成一个"基于心理学的力量,去帮助组织构建健康职场"的大工具。由此,EAP就不仅仅局限在"员工心理援助"的层面,而是扩展到了胜任能力、组织发展、绩效管理等层面上,成为一个应用更广泛的工具。

如果说，"就 EAP 论 EAP"是一种发展 EAP 的方式，那德慧这种模式，就是另一种 EAP 发展的思路：重道而非重术，即更加重视战略定位，站在战略的高度，同时依靠各种方式输血，结构化地支持它。这样的发展思路既能保有 EAP 的未来性，又能解决当下的问题，让这个在未来能产生价值的业务最终生存下去，并在此后 20 年间蓬勃发展。

四、培养土壤，让 EAP 持续良性发展

潘军采用了"第一手"方法，用输血的方式让 EAP 存活下来。同时他认为，EAP 这条路到底能不能一直坚持下去，需要"第二手"方法——吸引资源的加持。

潘军认为，EAP 需要更多的宣传，将 EAP 的价值告诉更多人，才能让它摄取到更多生存下去的资源。

2003 年，潘军在接受上海东方电视台的专访时，清晰地表达了"EAP 的概念是什么""为什么要有 EAP""为什么要去做这个业务"等内容。在回答"为什么要做 EAP"时，他说："EAP 是一个未来的人力资源业务，当下我们希望由更多的专业组织和机构来支持和推进这个服务，最终形成一个真正服务于企业、又覆盖员工及其家属的新型人力资源产业。虽然目前 EAP 还处于萌芽状态，但我们愿意作为推动者，造就 EAP 星火燎原之势。"

幸运的是，中智看到了德慧多年的坚守与价值。2006 年，德慧加入了以人力资源服务为核心主业的中央一级企业——中智，为 EAP 带来繁荣生长的机会。之后，德慧逐渐演变为中智 EAP，成为中国 EAP 服务商中罕见的有央企背书的"EAP 国家队"。

与此同时，潘军认为，EAP 的发展不能止步于此。在他看来，真正的 EAP 应该是一个"大 EAP"的概念，即用 EAP 去解决员工和企业的多样化需求。这种服务模式超越了传统 EAP 的商业模式，在基础服务之外加入了更多的前后服务。"前服务"是治未病，加入员工活动、员工福利等服务，在咨询之前帮助员工解决问题；"后服务"则是危机干预、离职服务、睡

眠管理等服务,使得 EAP 的服务范畴越来越宽泛。而对"前服务"的思考,最终变成了后来"关爱通"的雏形,体现出了 EAP 服务的更高境界。

如今,在新技术、外部环境、受众发生了新变化后,中国 EAP 也迎来了一系列新需求。互联网时代,中智 EAP 主动适应新技术发展,将数据安全和保密作为义不容辞的责任和担当,建立起以数据安全为核心的数据安全保障体系。这种超前的动态变化意识也是中智 EAP 得以长久良性发展的重要因素。

回顾这 20 年的发展,德慧扛过了早期的生存压力,凭借着前瞻的人力资源管理咨询服务理念和对 EAP 服务的专业坚守找到了中智的支持,又顺应时代变化,不断打造新的产品与服务。在多年的探索下,最终走出了一条属于自己的成长之路,成为当今的中智 EAP。

五、作为先行者,德慧早期生长的经验总结

在谈到德慧早期发展的经验时,潘军认为有两点值得总结:

第一,充分解决 EAP 的生存之路,用商业输血的方式,给 EAP 发展空间,并坚守 EAP 最核心的专业部分,始终不放松。

第二,一直不断反思 EAP 服务的范畴,将 EAP 扩大到健康组织的建设中去。德慧始终没有将 EAP 局限在 EAP 本身,也没有把这个舶来品奉为至高无上的东西,而是基于它的商业逻辑和概念,赋予它更广泛的商业模式,思考并践行了"大 EAP"的理念。

而同时,由 EAP 衍生出的更大范畴的员工服务理念——关爱通,也在 2007 年成立了中智的专门业务单位,向着"大 EAP"的方向挺进。

见证人石磊[1]如是说

2005 年,我受邀参加德慧主办的中国 EAP 年会。在这次会上,我第一次接触到 EAP,当时便觉得在未来的 10 至 20 年中,随着改革开放、经济快速发展带来的挑战,政府和企业势必会对心理健康的关注提升到一

---

① 石磊:原中智集团党委副书记、副总经理,中智上海经济技术合作有限公司党委书记、总经理。

个更高的层面,EAP 在中国必然会有一个飞快的发展和广阔的商业前景。

那时我一直想为中智咨询服务中增加一块员工健康相关的咨询业务,与中智咨询已有的培训中心、测评中心和薪酬调研中心等,构成一个完整的人力资源咨询商业版图。而在这次年会上,我看到了德慧在短短三年里所做出的行业影响力以及在 EAP 这个领域的专业性,这使我萌生了收购这支队伍的想法。在与当时还是德慧创始人潘军的多次深入沟通后,我们决定一起合作,在继续打造 EAP 这项事业的同时,进一步在中智的平台上去实现长远的"大 EAP"构想。于是,在 2006 年,德慧加入中智咨询,正式成为中智 EAP。

让我非常高兴的是,中智 EAP 自成立以来,一直都在坚持打磨服务的标准度、专业度,并且不断探索 EAP 与新技术嫁接的方式,扩大 EAP 服务的广度与深度,为企业提供更加专业的 EAP 解决方案与服务,从而实现"让员工健康,进而让组织更健康"的服务使命。

今天,我们再来把一页一页历史的篇章翻开的时候,其实还是非常有感触的。特别是,我感觉这 20 年不仅仅是中智 EAP 的 20 年,某种程度上就是中国 EAP 的缩影,同时也是中国那段最美好的改革开放的岁月缩影,我们都是这个时代的同路人。

站在 20 周年的新起点,面对新的时代背景,希望中智 EAP 仍能够锐意进取,探索 EAP 与新技术的整合与应用,为企业、员工及其家属提供更深入的服务,并且可以为世界提供 EAP 服务的创新模式,让 EAP 在全球得到更加广泛的应用,创造出更多的商业和社会价值。

EAP 本土化初探

受访者简介

朱晓平,中国 EAP 的引入者,德慧创始人,心理学博士,国际 EAP 协会中国分会常务理事,澳大利亚新南威尔士州注册心理学家,中国 EAP 行业终身成就奖获得者。

引言

在中国 EAP 从零开始的起步过程中,朱晓平功不可没。他是中国 EAP 初创之时国际化 EAP 概念重要的引入者,同时也是 EAP 在中国具体实践的执行者、标准制定者和推进者之一。他最大的贡献在于使中国人对 EAP 产生兴趣,并不畏艰难、身体力行地积极投身到 EAP 事业,成就了如今 EAP 行业欣欣向荣的景象。

一、背景故事

1999 年,朱晓平从澳洲回到国内,筹建 IPS 中国代表处。

当时来华发展的外资企业,打算把本国员工享有的福利覆盖更多跨国机构。EAP 作为一项福利服务,也需要在中国员工的福利中予以配备。但中国当时还没有 EAP 的概念,自然也没有相应的服务团队,于是外资企业打算通过类似 IPS 这样的国际 EAP 服务商来华提供 EAP 服务。朱晓平就是被 IPS 派驻中国、落地 EAP 项目的专业人士。对于朱晓平而言,这不仅仅是个工作机会,更是一次改变人生的机遇。

朱晓平一直想将心理学应用到企业人力资源管理中。他先是在大学里做研究,后来进入到 IPS 工作。IPS 的工作使他学到很多新的知识和理念,而在中国筹建和管理 EAP 代表处,又给了他充分的空间进行商业摸索。结合心理学专业背景和 IPS 工作经验,朱晓平初步构建了将 EAP 进行商业运营的思维体系,他意识到,开创一番事业的时机成熟了。

2002 年,朱晓平和对 EAP 同样感兴趣且有市场资源的潘军一拍即合,成立了德慧,开启了 EAP 的中国创业征程。

二、EAP,在中国艰难开局

基于 IPS 的工作经验和市场探索,朱晓平认识到,随着外资企业进入中国,EAP 在国内企业中推广和实施,将是一个应运而生、必然到来的潮流。

在中国改革开放、全球化大潮的带动下,大量的外资企业进入中国。随之而来的,还有西方先进的管理方法、手段和理念,这些都渐渐地被中国企业接受,EAP 服务也同样开始被关注。

朱晓平当时意识到,在中国经济腾飞的前景之下,未来中国国民所面临的心理相关服务需求将会非常大,这将为 EAP 事业带来巨大的发展机遇。

但是他没有预见到,这个在西方 20 世纪 70 年代就发展起来的相对成熟的服务,进入中国企业却困难重重,一开局就面临着诸多障碍。

（一）文化差异

朱晓平最先的感触是,中国有着和西方完全不同的文化传统。同样,不同背景的企业文化也有着很大差异。相对来说,欧美企业比较容易引入 EAP,而受儒家思想影响的中、韩、日等企业就比较难以接受。

加之个人对于隐私讳莫如深等,EAP 在中国的推进过程中障碍重重。在向企业员工们介绍 EAP 服务时,员工们虽然都认为该服务理念很好,但会因为担心个人隐私问题而不愿意尝试这项服务。

（二）对接部门多变,归属关系复杂

在国外,EAP 项目在企业中属于员工福利,对接部门往往是人力资源部的薪酬福利部门,也有部分公司将 EAP 放在企业的 HSE(健康、安全、环境)部门或是工会。

但到了中国,在当时的组织环境中,这个新生事物的管理、实施、预算归属却是个难题。民营企业基本上将 EAP 纳入人力资源部,但在国有企业的归属,各自就有很大差异,有的纳入工会,有的纳入党群办公室。不同归属下的需求、对接方式与要求也都不同,这就给项目推进带来不小的挑战。

(三) 理念冲突,让 EAP 水土不服

EAP 强调"双重客户"的概念,即 EAP 不仅服务于企业的员工及其家属,还以管理咨询的方式服务于企业。所以,EAP 的服务价值不仅要体现在帮助员工个体上,还要体现在对企业的管理、运营带来帮助上。

同时,EAP 模式中还有一个重要伦理准则,就是一定要保障员工个人隐私,员工的状况在非危机情况下不能向企业进行透露。

既要服务好企业,又要保护好员工个人隐私,这个西方国家普遍认同的理念,在中国却严重"水土不服",特别是在与一些企业的党群部门对接项目时,这就成了更大的冲突点。一方面,企业希望把握员工的心理状态,哪个员工在使用服务,什么时候使用……这些都需要很详尽的报告。另一方面,EAP 强调保护员工隐私,这些信息绝对不能透露给企业。

为了突破这一阻碍,继续推行专业的 EAP,朱晓平带领德慧团队进行了一定的适应性改良。首先是通过不断协商,探讨制定解决方案。例如国外 EAP 服务只出年度报告,但德慧做到尽可能地及时反馈,提供季度报告、月度报告等。这些报告在不透露员工个人隐私的情况下,从整体上汇报、分析公司或者组织机构的使用状况。

(四) EAP 商业模式出现变化

EAP 在中国发展过程中,最大的难点堵点还是在于 EAP 商业模式的变化,这也是让朱晓平最为头疼的。

国际上,EAP 一般采用的是保险模式,即以人头计费的模式。在西方,这个商业模式是普遍遵守的行规。但在中国,行业竞争压力巨大,这个行规很快被打破了。

EAP 在中国的部分商业模式发生了改变，从按人头计费变成了根据实际服务的累加计算。这一计费方式的改变，直接压缩了服务商的利润空间，进一步增加了 EAP 行业的生存难度。

作为 EAP 服务商，不仅要提供咨询服务，还需要做前期的项目推广、中期的项目协调管理以及后期的售后服务。在国外的保险模式下，EAP 服务商的利润可以支持在保障这些服务的基础上保障服务的品质。而 EAP 保险模式的被迫改变则意味着，如果想要维持服务商的可持续发展，那就需要降低服务的成本。也就是说，服务商可能会为了生存下去降低服务的品质，客户的满意度也会随之降低。可想而知，这会对整个行业生态产生负面影响，同时阻碍了 EAP 在中国的快速有序发展。

（五）专业的服务资源匮乏

刚起步的中国 EAP，可以说是步履维艰，其中最为窘迫的问题，就是没有专业的服务团队给企业员工提供足够专业的 EAP 服务。

朱晓平说，当时只能设法去找兼职工作人员。所以，中国最早的 EAP 服务团队成员大多是大学心理咨询中心和心理系的老师，也有个别医院精神科医生，以及一些外企有相关经验的人才。

如今 20 年过去了，朱晓平也很感慨，那些早期进入 EAP 的专业人才，现在很多都已经是中国心理咨询界的大咖了。

三、改良和拓展，让 EAP 适应中国土壤

虽然 EAP 业务推进遇到了各种困难，但朱晓平觉得挑战和机遇同在。在中国这样一个有着其自身特点的政治、经济、文化机制下，如何能更好地推动 EAP 向前发展，必须有自己的独立判断，不能随波逐流，必须努力奋进去探索创新契合中国国情的新思路和新路径，同时用更多的方法、更新的商业规则去保证项目的利润率，让公司能够存活下来。

朱晓平说，那时都是摸着石头过河。当年为了适合中国国情，他带领德慧做了很多不错的改良尝试，让企业客户逐渐接受 EAP，也让 EAP 能更快适应中国土壤。

对于早期在 EAP 服务模式上的创新和改良,朱晓平做了如下归纳总结。

(一)主动和被动结合

在西方,EAP 就是员工福利,日常宣传一般只是告诉员工企业有这种服务项目。所以,服务商作为被选择方往往是被动服务。

中国 EAP 的基础模式和西方是一样的,但在实施过程中,不仅要把概念普及、服务路径等都呈现给员工,还要将 EAP 融入员工的日常培训、团建中,开展大量的活动宣传项目,甚至还加入主动的关爱服务,用这些方式让 EAP 项目不断与员工接近,以达到众所周知的效果。

朱晓平认为,这正是中国比西方进步的地方,它让服务商从原本"被动提供服务"的状况中解脱出来。EAP 项目不再是等待员工主动求助,而是通过大张旗鼓的推广、宣传、培训等主动服务,不断形成焦点加以曝光,引发员工关注。这样的方式能让员工真实感受到 EAP 是在需要的时候随时可得的工具,从而增加其使用率。

(二)身心结合

朱晓平发现,对于中国国民来说,身体健康服务相比心理健康服务更容易被接受,将两者结合在一起,员工对隐私的敏感度就会降低很多。所以在推进 EAP 时,他引入"大健康、全服务"的概念,从 EAP 的服务内容上去做创新和延展,让服务尽可能涵盖得更全面。服务不仅覆盖心理健康,还要覆盖人在全面发展时所需要的整体健康,也就是身、心健康,甚至身、心、灵健康。在推广项目时,就会设计出将身心健康相结合的活动,如女性健康、儿童教育、中医推拿、按摩等。

(三)内外部结合

在早期推进推广 EAP 时,朱晓平关注到了"内外结合"的重要性,并在服务中开展大量内部培训。

EAP 服务商,是一个企业的外部服务机构。想要让 EAP 更好地在企业推进,就要去培养一些企业内部的人员,让内部骨干员工或是基层主管,掌握心理学基础知识,学习一些基础的心理咨询技术,了解一般心理问题。这样的培养不仅能帮助企业及时发现问题,也能促进 EAP 服务的内部推广和应用。

(四) 业务范畴延展

EAP 讲究"双重客户"的概念,所以除了对员工端的服务内容进行拓展外,朱晓平还对企业端的服务做了延伸,最大化地去满足企业的服务需求,以争取双赢。

德慧成立后,他就将心理测评和 EAP 结合,成立领导力发展中心、评价中心,做员工心理健康调查、员工心理健康量表等,积极尝试推进 EAP。

(五) 商业模式拓展

朱晓平说,他曾认为保险商业模式下的 EAP 会在中国有爆发性增长的潜能。后来,EAP 的保险商业模式被打破,这让 EAP 行业的环境变得艰难起来。但他们仍守正创新,并坚持去做一些商业模式上的改良拓展,尝试把 EAP 基础部分变成一个标准化的产品,通过拓展一些代理机构,如人力资源服务机构、保险公司、学校,吸引更多的参与者。

四、不懈努力,推动中国 EAP 的初始化

一个新生事物刚出现时,总要耗费时间精力让人们去认识了解它。EAP 要在中国发展,就必须花更多的精力和时间去宣传、普及,让市场认识、接纳这个概念,这也是 20 年间 EAP 从业人员做得最多的工作。

为此,朱晓平参加了大量活动来推广 EAP,比如参加美商会、欧洲企业 HR 活动、澳洲领事馆的 Good Friday 商务活动、HR 年会等。

为了更好地普及和拓展 EAP 业务,朱晓平还想到了主动传播。他带领德慧团队做出了中国 EAP 传播中的一个创举——2003 年 12 月,在上海成功举办了为期 2 天的首届中国 EAP 年会。

中国 EAP 年会是一个行业性质的专业研讨会,朱晓平请到了国际

EAP 协会的一些大咖，如时任国际 EAP 协会主席唐纳德·乔根森（Donald G. Jorgensen），他的参与让中国的 EAP 与国际接轨。同时，还邀请到了北京大学心理学系教授钱铭怡、北京建工学院教授郑宁、台湾辅仁大学社会工作系助理教授林桂碧、北京师范大学心理学张西超、管理者个人成长领域资深顾问黄淑真、美国宾夕法尼亚大学教授威廉·罗斯威尔（William J. Rothwell）、英格兰罗伯特·乔丹（Robert Gordon）讲师等国内外权威的人力资本开发及员工关系发展领域的专家。此外，还邀请了诺基亚、英特尔、摩托罗拉、美国礼来等具备丰富实践经验的跨国企业 EAP 负责人，全面介绍全球 EAP 发展状况和国际成熟的 EAP 实践经验，分享中国企业 EAP 先行者的实际运作成果，一起探讨 EAP 在中国企业的发展前景。

作为年会的延伸，德慧还特别邀请时任国际 EAP 协会主席唐纳德·乔根森，为中国关注 EAP 的专业人士和研究人员做了为期一天的深入演讲。演讲内容覆盖了 EAP 对企业的重要性、成本与利益分析、怎么选择 EAP、EAP 的核心内容和操作方式等各个方面，详细阐述了 EAP 在企业中的运用和价值。

为了加强宣传，德慧还邀请了新闻晨报、上海东方电视台等十多家新闻媒体做了报道，这对于已有客户和潜在客户，特别是 HR 群体，是一次很重要的传播。通过这次大会，能让他们感知并了解到，EAP 服务是企业需要提上日程的专业服务且中国已经有了一定的服务经验，这样的认知能让他们开始逐渐接纳 EAP。

对于在中国刚刚发展起来的 EAP 来说，能请到这么多外国专家和国内专业人士参加此次大会，这确实称得上是中国 EAP 行业具有标志性意义的一个创举。这也开了中国 EAP 举办大型国际研讨会之先河，让中国 EAP 开始有了专业研讨的风向标。此后，很多公司都竞相模仿，也推出各家 EAP 主题会议，对 EAP 的推广和发展，均有积极作用。

除了在行业宣传、推广的渠道上开创了新模式，朱晓平在团队建设和标准化制定上，也做了很多开创之举。

2000 年前后，EAP 专业人才非常匮乏。朱晓平靠聘请心理学相关的院校老师,以兼职的形式解决了初期人才短缺问题,并组建起团队。团队组建后,首先需要解决的是人员能力不足的问题。

朱晓平着手做 EAP 的咨询督导,主要从两个方向讲 EAP 的服务。一个方向是讲焦点解决短期治疗,另一个方向是讲企业管理。因为咨询师大多来自院校,没有企业管理背景,而 EAP 中涉及的一些工作中人际关系、职业生涯规划等咨询议题,都需要一定的企业管理认知,否则就会出现"接受了 EAP 服务后员工的流失率反而增加"的负面结果。

另外,如何让咨询师做好咨询反馈并传递给企业,让公司去改善管理等,也需要完善的督导服务。

有了团队后,还有一个重要的事情就是标准及机制的建立。

朱晓平结合在 IPS 工作时有关 EAP 的基本工作方式、标准、机制等知识和经验,逐渐建立起一套适合本土的体系,主要包括人才储备,推广、普及、培训,以及操作规则、规范、流程、标准等,可以说是德慧体系化的 1.0 版本,同时也是中国 EAP 运作规范的初始化版本。

结语

20 年过去了,看到现在中国 EAP 发展的态势,朱晓平颇感欣慰。曾经的探索和付出,现在已经以各种各样的形式扎根,结出累累硕果。

谈到当下的 EAP 发展,他认为当下处于网络时代,作为 EAP 服务商,一定不能继续使用原来线下的服务模式被动等待用户,而是要线上和线下相互结合。不仅在服务内容上,还要在时间、空间上做到全方位服务。要在互联网的基础上,把人工智能、大数据等高科技融入 EAP 项目中,这将是最新的全世界都没有的 EAP。通过这些手段,就可以满足较以前来说几十倍数量级的需求,这对于科技推动下的 EAP 的发展,有着非凡的意义。

而对于朱晓平本人来说,想更多地去探索人的生活本质,去探索一些能够帮助他人的服务模式,然后通过个案服务,或是小组咨询,或是写一些书、做一些工具,又或者有自媒体来提供服务,用多种多样的形式与社会、人产生联结,让自己的价值能够充分地服务他人。

见证人如是说

见证人之一：陈林①

2004 年，我应用心理学研究生毕业。我很多同专业同学都选择去做 HR、心理老师、心理咨询师等，而我希望自己从事的事业可以规模化地改变社会人群的心理健康，所以我选择加入德慧。那时候前辈朱晓平老师已经引进了国际化标准的 EAP 服务体系，并且除了专注于专业服务和质量之外，还在不断地对中国 EAP 服务模式进行创新和改良，让 EAP 业务可以更加适应中国职场环境。但当时在中国，大家对于 EAP 的认知还是相当匮乏的，市场还不够了解 EAP，客户对 EAP 也是一知半解，业务开展非常艰难。所以我们开始充当 EAP 行业普及者的角色，开拓市场。

我印象中有那么几年，我们用各种形式传播普及 EAP 的概念，如举办中国 EAP 年会、举办各种小型的公开课、参与各种 HR 和企业管理者的市场活动，当时整个行业都在做这件事情，EAP 服务商们既是竞争对手又是伙伴，因为不管谁去做了普及，实际上都在帮助 EAP 更好地在中国落地发展。

见证人之二：安德鲁·戴维斯②（Andrew Davies）

ICAS 于 1987 年在英国成立，是一家专注于为企业员工提供高质量临床心理健康服务和员工支持解决方案的专业 EAP 服务商。1997 年，由于当时英国本地市场竞争加剧，ICAS 的营收增速放缓。同时拥有全球雇员的本土客户希望 ICAS 不仅能为英国的员工提供服务，还能为世界各地的员工提供服务。基于以上原因，ICAS 开始将注意力转向全球 EAP 市场。

我们在将 EAP 服务扩展到全球的过程中，发现要使 EAP 服务有效并取得良好的效果，了解当地的情境因素，并进行"本土化"至关重要。比如不同的国家有不同的卫生保健系统，其中包括有关精神卫生健康的管理和条款相关的规定；比如不同的国家有不同的文化规范、习俗和"规则"，每个国家对理解、看待和管理心理健康问题的方式，都受到该国历

---

① 陈林：早期德慧员工。
② 安德鲁·戴维斯：ICAS，首席执行官。

史、宗教、政治、社会经济和文化结构中观念、态度和信仰框架的深远影响；比如在西方国家，危机管理流程通常使用系统和结构化的方法来管理创伤事件带来的心理影响，其主要内容包括在团体小组中进行开放性的交流和情感表达，鼓励受到创伤影响的个人分享他们的经历。但在日本和韩国等非西方的国家，这样做反而会产生负面的影响，因为在这些国家，承认心理困扰会被视为给家族带来耻辱。在这些社会中，人们需要"面子"，这个时候危机管理流程也需要更多地与个人而不是团体进行。

中智 EAP 发展新模式

受访者简介

史厚今,中智 EAP 总经理,国际认证 EAP 专员,中国社会心理学会员工与组织心理援助(EOA)专业委员会副主任,国际 EAP 协会中国分会首届理事单位常务理事,上海市行为科学学会理事,中央财经大学应用心理专业硕士实践基地导师,荣获国际 EAP 协会中国分会首次颁发的"杰出个人成就奖"。

史厚今在 EAP 领域深耕了 20 余年,是在国内最早组织开展 EAP 的专家、行业布道者之一,为数百家不同类型的企业建立全方位心理健康管理体系,协助企业处理诸多管理难题和危机事件,推动了中国 EAP 行业的发展。从引入、开展和坚持国际标准的服务模式,到积极开展 EAP 的本土化研究;从单一 EAP 线下服务,到基于互联网开拓 EAP 线上线下服务;从以心理咨询为主的传统 EAP 服务内容,到关爱员工身心健康的"大EAP"服务……史厚今深受业界人士的尊重认可和企业客户的肯定和信赖。

引言

EAP 在持续不断的普及和传播作用下,国内市场逐渐对其有了初步认知。伴随着国民心理健康的受关注度逐步提升,EAP 也开始进入了更大范围应用实施的发展阶段。它吸引了大量跟随者进入行业,中国 EAP 涌现出发展中的第一波小高潮。中智 EAP 也在这波浪潮中激流勇进,凭借着深厚的企业管理底蕴和专业服务理念,逐渐摸索并建立起一套属于自己的特色发展模式,在 EAP 这片热土中生根发芽。

一、背景故事

回顾中智 EAP 20 年的发展历程，不得不提到一个人。她在团队初创时期承接重任，引领团队从青涩年轻走向成熟，锻铸了 EAP 发展的一座座里程碑。她就是中智 EAP 总经理——史厚今。

在进入心理咨询领域之前，EAP 对于史厚今来说还是一个完全陌生的概念。20 世纪 80 年代中后期，史厚今正在企业讲授现代企业管理，在和诸多生产经营一线主管们的不断接触中，她由此受到启发。她决定离开体制，到企业实际经营中亲自践行管理理念。这一决定揭开了她长达 10 余年的企业管理生涯的帷幕。

她从 0 到 1 独立组建团队，同时根据行业发展，将企业的经营业态从对接消费者的 C 端，扩展到以政府、企业为服务对象的 B 端全覆盖。这期间的一线操盘经验，为她积累了丰富的企业管理实战经验。

有别于教学授课，繁忙的企业经营管理工作，给史厚今带来了巨大的精神压力。日常工作中的事无巨细，常常让她感到身心俱疲。而心理咨询的学习过程则为她提供了坚定勇毅、笃行不息的信心和动力。

随着对心理学专业知识学习的深入，史厚今也一直在思考今后的职业发展方向。进入不惑之年，人生转向的难度和压力堪称指数级别，而在那时 EAP 事业像一个早已为她准备好的崭新事业，越来越清晰地呈现在她面前。

2004 年 5 月，时任上海某广告公司总经理的史厚今，在当时德慧创始人潘军的邀请下，参加了深圳的一场心理咨询领域的专题会议。在这次会议上，史厚今认识了樊富珉等一批心理学老师，让她学习"心理咨询"的初心得到了一次升华。她看到，虽然中国心理咨询基底薄弱，但有这样一批中国最早做心理咨询的人始终在砥砺前行。他们也用行动证明了，心理咨询对整个社会的健康发展是有推动价值的。

彼时的德慧团队存在很多难题，如核心人物离开、团队成员年轻、与客户沟通不顺畅、成单难度较大等。解决这些问题的关键，无疑是须尽快确定团队的掌舵人，这个人既要具备专业的现代企业管理经验，同时对于行业、市场、客户等也有深厚的研究基础。但在团队成立初期，如何找到这样一位引领者？

当时国内从事 EAP 的人还非常少，且基本是学者或是纯做心理咨询的人。他们对于企业管理并不熟悉，也无实践经验。德慧亟须一位兼具心理咨询与企业管理经验的引领者，这也成为团队能否顺利发展下去的关键。

史厚今拥有 10 多年的企业经营管理经验，对管理、商业都十分熟悉，也相当成功。加上她参加了中国较早一批心理咨询师培训，拿到了专业的心理咨询证书。可以说，她具有得天独厚的优势，更容易让 EAP 真正落地到企业。而史厚今也看到，把心理咨询引进企业，能给企业和员工带来健康和效益，这不仅是更大层面的"帮助他人"，也是在做对社会更有意义的事。

2005 年 6 月，史厚今接受潘军的邀请，正式加入德慧。她的加入犹如给团队建设加固了四梁八柱，在为团队提供了现代企业管理的专业经验之外，还使中智 EAP 得以茁壮发展。

二、百花齐放的 EAP 服务商

2006 年，中国 EAP 行业流传着这样一句话："EAP 是个筐，什么都可以放"，这生动地描述出了中国 EAP 当时缺乏规制、无序竞争的景象。具体的表现就是各种业态都开始推出 EAP 服务，而基于行业资源和能力基因的不同，各家 EAP 服务商使用的模式、方式、手段也各不相同。

面对纷繁复杂的行业环境，史厚今带领中智 EAP 团队沉着应对，在积极组建及优化团队的同时，对 EAP 服务商做了深入的研究分析，主要类型如下。

(一) 外资／中外合资的 EAP 服务商

具有外资背景的服务商，核心咨询专家多以外籍人士为主，通常会直接复制国外 EAP 的服务经验，实施规范的咨询服务，有良好的督导资源，而且基于投资方或母公司带来的大量客户，不需要过多地进行市场宣传和销售。但其缺点是，专业核心资源主力都来自海外，服务的角度及思维和本土企业存在天壤之别，较难适应中国的国情与文化背景，本土化进程将是漫长而艰巨的。

（二）以单一模块服务转型成的 EAP 服务商

这类服务商主要包括心理咨询公司及培训机构,其中心理咨询公司大多以为 C 端个人提供心理咨询服务为主,擅长一对一的心理服务指导。而培训类机构,在经营中逐渐将培训业务拓展至企业 EAP 培训和咨询师资质认证培训,从而积累了大量的心理咨询师资源,由此开展了 EAP 业务。

但这类服务商都具有相似的通病,即缺少为企业提供系统服务的经验,在专案项目的处理上也缺乏实战经验,特别是对于服务全局型 EAP 业务能力及经验的匮乏,使其无法实施专业的 EAP 整体方案。

（三）高校科研中心、心理研究机构的 EAP 服务商

这类服务商以面向学校为主,在余力之外为社会提供心理咨询服务,拥有心理咨询的专业人才,教研相结合,具有专业吸引力。但相对来说缺乏企业经营背景,且工作重心也更向科研领域倾斜。

（四）管理顾问公司转型的 EAP 服务商

对这类服务商来说,管理咨询是强项,服务经验丰富,对国内企业的需求理解相对透彻。但由于并非专业 EAP 服务商出身,缺乏 EAP 专业知识与操作技能。

（五）以专家为基础的 EAP 服务商

这类服务商前身多为心理咨询工作坊,后期延展到 EAP 服务,虽然保证了部分的专业性,但会明显受制于专家个人状况,其能力和工作时间也都有局限性,很难满足企业个性化及全方位的需求,更难以提供多样化服务。而且心理咨询具有偶发性、突发性特征,单靠某几位专家无法持续提供 7×24 小时的咨询服务。并且核心人物一旦离开,服务就无法延续。

（六）生理健康服务转型的 EAP 服务商

这类服务商从生理健康服务引入,将服务范围扩大到身心健康服务,即 EAP。尽管员工的接纳度和配合度都比较高,但因在心理咨询领域的专业知识较为缺乏,执行上难以保障服务的专业水准。

三、中智 EAP 走出了融合型组织的新道路

面对不同专业背景、不同基因的 EAP 服务商带来的竞争,史厚今在加入中智 EAP 后,重新构建组织架构,建设了一支符合现代企业管理模式的服务团队,聚焦核心服务行业,逐渐拓展工作范围,发挥企业管理特长,基于人力资源视角,为企业提供系统的心理健康解决方案,建立起了行业口碑,走出了一条独特的中智 EAP 发展道路。

(一) 建设一支符合现代企业管理模式的服务团队

史厚今在加入中智 EAP 之初,就确立了打造一支符合现代企业管理模式的 EAP 团队的宗旨,树立了以平台的模式进行运作、确保高质量服务的理念,明确了服务团队标准化建设的基本需求:

1. 工作岗位标准化

中智 EAP 的员工均要具有心理学、社会学、管理学等相关专业学科知识背景,例如,项目经理岗位不等同于传统的销售,在实际服务中,需要给予企业及人力资源部门专业的建议,这就要求项目经理需要具备扎实的心理专业基础,同时有着清晰的边界感,明白"什么能做,什么不能做"。当企业 HR 提出需要对使用咨询服务的员工进行实名制登记并报备企业时,"科班"出身的项目经理会明确告诉 HR 这种操作方式的弊端及违背了保密原则,而非盲目地允诺客户的要求。

2. 工作岗位重叠制

中智 EAP 所有的员工在入职后都需要到一线体验 7×24 小时的 400 咨询预约接线工作,项目经理要作为助理协助其他经理人展开服务……只有在实践过程中不断积累经验及感悟,才能对岗位的工作有更透彻的理解。如今,轮岗制已成为团队的传统,它也帮助员工更好地发现自身所长,结合意愿,聚焦职业发展方向。

3. 个人发展灵活性

在人才的培养模式上,中智 EAP 一直信奉着"长板理论",通过轮岗

制去挖掘和开发员工的优势，培养其具有不可替代的竞争优势，而非一味在短板上做文章。对于员工个人来说，也能不断结合自身兴趣与目标，提升个人的核心竞争力，收获职业价值的满足感。而从团队的角度来看，每一个员工都拿出长板来拼出组织的"水桶"，自然装得更多。

4. 整合行业中广泛、专业、合适的资源

与此同时，中智 EAP 也在不断发力建立标准规范的融合型开放平台。中智 EAP 广纳天下贤才，融合各个学派、多种类型的心理专家，以此来保证咨询服务的及时性和专业度，根据企业的需求提供个性化的服务。

史厚今加入中智 EAP 后，在其不懈的努力下，建立了一个健康可持续发展的现代企业经营架构，不会因为任何一个员工的离开而受到重创，也让中智 EAP 在 EAP 事业的目标更加远大，道路走得更加长远。

(二) 聚焦核心用户，开拓重点行业

在团队发展早期，为了集中精力打造品牌认知度，中智 EAP 将客户分成三个层级。

1. 核心层级

这部分客户主要是对 EAP 认同并接受的客户，典型代表为世界 500 强外企或一些大型民企。另外还有一些注重人文关怀的企业，这类客户的市场教育成本比较低，不再需要从 0 到 1 去介绍 EAP。

2. 中间层级

这一类型的客户，主要为一些对 EAP 服务有一定认识和期望的国企、民企，希冀 EAP 可以帮助企业解决组织管理方面存在的部分问题，如降低离职率、提升党员干部的工作方法等。这类客户主要是为其提供一些非标准的 EAP 服务。

3. 外围层级

这部分客户主要为一些政府、社区，甚至包括一些部队，领域特殊，人群覆盖可大可小。

这三个层级客户的市场份额各不相同。中智 EAP 通过对市场的判断、结合客户实际情况，率先聚焦核心层级。最先开拓的就是外资企业，

依托其拥有的 EAP 服务需求认知,对于员工心理咨询服务已有基础配置,对接门槛低,咨询服务也能够更好地推进和展开。在陆续签约多家外资及合资企业后,中智 EAP 的服务对象逐渐向医药行业拓展。

从 2006 年开始,中智 EAP 陆续与六大国际医药公司建立合作,进一步提升了中智 EAP 在医药行业的 EAP 服务影响力。同时,依托于公司独立构建的全面员工心理健康档案,建立起了医药行业心理咨询数据库。这个数据库不仅能更好地了解医药行业从业人员的状态,积累行业从业大数据,也能为团队提供更多的服务参考,输出更优质的 EAP 解决方案。

伴随着核心层级的不断突破和普及教育的深入,中智 EAP 开始不断向外拓展范围,涉足更多服务行业,如相继在互联网、金融等 10 多个重点行业进行深度优质服务,逐步成长为 EAP 行业重要的头部服务商。

(三)基于人力资源视角,从组织层面提供系统的心理健康解决方案

企业在不同发展阶段,实际的需求也不尽相同。如扩张期,内部管理的重点在于优质人才的选拔、新人的适应及培育成长;而针对组织架构调整期,重点则聚焦在组织内部管理、关注员工队伍心态的变化等部分。EAP 服务作为企业员工服务的重要组成部分,只有基于人力资源视角,与企业发展业务相结合,才能精准提供切实到位的帮助。

在中智 EAP 团队发展早期,有一家英国医疗器械制造公司遇到了一个棘手的问题,其定向培养的核心员工萌生出跳槽的想法,这让企业在如何处理上犯了难。其合作的外资 EAP 服务商认为从人本主义出发,企业无权干涉员工个人的职业意愿,对于培养人才的损失企业只能自己承担。考虑到人才培养的巨大成本,这样的建议让企业很难接受。于是他们转向中智 EAP 寻求解决方案,期望这一次能够得到满意的解决措施。

中智 EAP 充分站在员工与用人企业的双重角度综合考量,一方面从心理学的角度出发,充分理解该员工对外部就业环境的意愿;一方面从人力资源的视角出发,共情企业在定向培养上的投入成本。多番权衡之后,中智 EAP 提出的解决方案是支持员工的个人选择,以半年为期限为该员工保留职位。既支持员工的个人选择,表达企业的同理心与友好态度,又

欢迎员工随时回来。果不其然，在离职半年之后，该员工提出返岗的想法。这让该企业认识到 EAP 服务实际解决问题的能力，并在日后选择 EAP 服务商中坚定地选择了中智 EAP。EAP 不仅仅是以员工为服务对象，关注企业组织的稳定同样重要，当 EAP 服务商无法设身处地去理解企业管理经营的不易，就很难做出真正平衡规章制度与情理的解决方案。只有切换到企业人力资源视角，基于企业实际发展中的需求，为组织提供针对性的解决方案，才能进一步辅助人力资源部门，为企业的发展提供强有力的支持。

(四) 优化市场环境，建立行业认知

在中智 EAP 团队发展的初期，国内的市场对 EAP 服务的认知尚处在启蒙阶段，主动了解和愿意购买 EAP 服务的企业基本局限在外资企业。因此，扩大客户认知范围，打造行业服务标杆，成为中智 EAP 发展初期的重点。

1. 持续举办 EAP 年会，保持行业内部的密切交流

为了更快地推广和普及 EAP 服务，也为了更好地拓展公司业务，德慧创始人之一朱晓平首先想到了主动传播。

2003 年 12 月，他带领团队成功举办了首届中国 EAP 年会，邀请国际 EAP 协会的一众大咖，汇集海内外知名学者、教授、企业主及服务商，交流国际成熟的 EAP 实践经验，分享中国 EAP 现有的运作成果，探讨 EAP 在国内的发展前景。这次年会不仅大幅提升了社会各界对 EAP 行业的认知度，更由此搭建起了行业内传播与交流的专业平台。

此后 20 年间，中智 EAP 不遗余力，坚持每年举办 EAP 年会，邀请管理学、心理学、HR、EAP 等各个领域的专家和实务者共聚一堂，深度探讨，目的就是要在具有中国特色新时代的背景下，更好地响应国家号召，运用心理学专业工具方法，在组织建设发展中使之落地扎根，实现组织人文健康的有序发展，生产力持之以恒地良性提高。

2. 联合中国健康型组织及 EAP 协会(筹)发起《企业员工职业心理健康管理》调查

在正式加入中智后，中智人力资源相关的培训、薪酬调研、测评等商业资源帮助中智 EAP 在资源调度上向前迈了一大步。在市场普及工作

中,史厚今带领中智 EAP 团队持续向社会发布专业成果,提供行业洞见。

为了推广员工心理健康咨询服务,也为了更加了解员工对心理健康的认识,中智 EAP 进行了员工心理健康状况的普及调查,这也是当时国内 EAP 领域中第一家开展调研的企业。从 2006 年开始,中智 EAP 联合中国健康型组织及 EAP 协会(筹)连续三年在全国范围内,从"员工职业心理健康管理"角度开展调研,并依据调研结果形成报告。调研结果为中国 EAP 从业者和企业管理者直观展现了职场人群心理健康状况,更新了认知,促进了思考,让大家意识到心理健康对于激发个体和组织活力的重要性,打开了行业和企业提供员工心理健康关怀的新思路。

基于对市场各个阶段 EAP 模式的准确分析和概括归纳,中智 EAP 结合自身特点,走出了自己独特的融合企业管理的经营之路,这离不开中智 EAP 基因里深厚的企业管理底蕴。一方面,引领者史厚今本人具有长达 10 年的企业管理经验,覆盖 C 端 B 端的领导力,为团队建立了融合人力资源的基调,特别是加入中智后,更放大了人力资源领域的效能;另一方面,从创立之初,团队引入的就是标准的国际 EAP 服务模式,在长达 20 年的发展过程中,中智 EAP 一直在坚守这一模式。

中智 EAP 清醒地看到,在市场环境千变万化的当下,只有根植企业管理的基础,走融合型组织的发展道路,才能灵活应对各类企业的多样需求,在服务中更好地贴近实际业务,让 EAP 发挥真正的效用。这条道路也使中智 EAP 在 20 年的发展浪潮中一直勇立潮头,越走越宽,站稳了今日行业领头羊的地位。

见证人如是说
见证人之一:沈翔[①]

中国联合一直坚持"以人为本"的核心价值观,给予员工全方位的支持资源,帮助他们实现人生价值,创造幸福生活。

EAP 的引入,使得中国联合的员工保障体系不再局限于健康层面,让

---

① 　沈翔:中国联合工程有限公司(简称"中国联合")人力资源部高级主管。

员工获得了身心双重保障，同时也给企业带来更深层次的增值服务——帮助企业文化落地，促进员工管理，在公司可持续发展战略中扮演了重要角色。

中国联合引进 EAP 项目 18 年来，我们感受到的中智 EAP 服务并不是完全生硬地照搬国际 EAP 服务的标准，而是通过很多本土化的研发让服务更贴近中国员工，更接地气。同时采用多渠道多手段向员工展开宣导，帮助大家消除偏见，正确认识 EAP，让 EAP 服务成为日常陪伴员工的工具，使员工保持健康状态，促进中国联合积极向上的企业氛围。

18 年间，EAP 项目和中国联合互相成就、共同成长，我也见证了中智 EAP 一路与时俱进的成长、创新。

见证人之二：刘晓明[①]

我长期在人力资源管理部门做着与人休戚相关的工作。为了更好地完成工作，我在一位教授的推荐下参加了国家二级心理咨询师的培训学习，并于 2007 年有幸加入中智 EAP 咨询师团队。

十几年来，我见证了史厚今总经理带领 EAP 团队一路成长，起到了"灵魂""旗手"的作用。她在 EAP 发展的长期过程中，善于学习、钻研、领悟、应用 EAP 前沿学科知识，使得她有底气和勇气立于时代的潮头，审时度势地把握机遇，善于决策，引领中智 EAP 的发展方向。她坚定不移、"独树一帜"地坚守 EAP 的专业性，以匠人之心，以远大的战略眼光去打造 EAP 服务，推动 EAP 行业的发展。在团队的培养上，她重视搭建平台，培养人才，知人善任，以博大的胸怀勇于担当"人梯"，培养未来的"领导者"，团队中有不少年轻同仁在她的帮助下，经过不同岗位的磨砺，最终历练成为各个岗位出色的领导者。

20 年来，中智 EAP 始终不畏艰难险阻，砥砺前行，为推动 EAP 的中国本土化做出了示范，发挥了"领头羊"的作用。

见证人之三：殷实[②]

我于 2008 年硕士毕业后加入中智 EAP。在中智 EAP 工作的 15 年

---

① 刘晓明：国家二级心理咨询师，拥有 20 余年人力资源管理和培训经验。
② 殷实：中智 EAP 执行总监，国际注册 EAP 顾问。

里,我担任过项目经理、培训管理、咨询顾问专家。2020 年起,我开始负责整个 EAP 团队的日常管理工作。我们团队很多位同事都与我有些相似的成长路径,即从心理学相关专业毕业就加入中智 EAP,在团队前后台的多个岗位轮过岗。

这种人才培养方式不仅使我们具备了过硬的专业能力,也让我们成为复合型的人才,熟悉心理学、商业和经营,更懂得客户,能够用客户易懂的语言解释专业问题,并在商业模式下提供专业服务,成为组织心理学领域的"六边形战士"。

我们核心团队的同事,基本上都是史厚今老师从"职场小白"一手带出来的。在人才培养及客户服务理念方面,她对我们的影响很大,也给到我们很多帮助。她的一些理念现在仍然是整个团队文化中的重要组成,如"人要做自己擅长的事情,不要总是想着补短""工作是为了更好地生活""我们提供的是有价值的专业服务,所以我们不走低价""服务必须严格尊重专业性,同时紧密联系客户需求,并强调务实性"。

在未来,随着业务和团队的发展,人员的分工一定会更加细化。但我们"尊重专业、务实坦诚"的文化不会变,以"客户为中心""尊重和鼓励员工自我驱动自我发展"的理念不会变。在这样的文化和理念的支撑下,我们会更有信心开创下一个 20 年。

中智 EAP 差异化竞争策略

引言

有市场的地方,就会有竞争,对于中国 EAP 而言,也同样如此。中国 EAP 经历了最初的萌芽、生长,到如今走向成熟并快速进入竞争时代。如何持续创新发展已成为中国 EAP 服务商面临的新课题、新考验。

一、中国 EAP 从未停止的激烈竞争

在中国 EAP 发展的过程中,行业竞争激烈,优胜劣汰一直是中国 EAP 市场发展的"丛林法则"。整个 EAP 市场大致经历了三个发展阶段。

第一个阶段:2008 年之前,本土机构生存空间较小

2008 年之前是中国 EAP 发展的早期阶段,EAP 未得到普及,人们的认识和接受度还没有完全形成,市场主要由具有外资背景的 EAP 服务商主导,采购方则主要是世界 500 强外企中的顶尖公司,如宝洁、联合利华、英特尔、陶氏,市场需求体量相对来说比较小。而在这样小市场体量中,由于采购方对中国本土 EAP 服务商还未建立起信任,往往照搬总公司,直接采用全球采购方式,所以本土机构的生存空间相当狭窄。

为了得到市场认可,获得更多客户,扩大市场体量,本土 EAP 服务商肩负起了培训教育市场的重任,从 0 到 1 去普及 EAP 概念,逐步将市场培育起来。

第二个阶段:2008—2019 年,低价竞争趋势越发严重

随着 EAP 理念的普及以及业务的拓展,EAP 中国市场逐渐有了起色,但随之而来的是低价竞争趋势越发严重。

2008 年,对中国 EAP 来说是一个特殊的年份。这一年,汶川地震使

社会和企业认识到心理健康的必要性和重要性，开始对心理健康服务有了清晰的认知。一些新兴的、大型的明星民营企业开始关注 EAP 服务，并启用 EAP 服务。

2010 年，富士康员工跳楼事件再次把企业对员工心理健康的关注提升到一个新的高度，企业和社会更加意识到员工的心理健康问题必须有专业的服务来介入。

2016 年，习近平总书记提出了"健康中国"的概念，提出重点关注在职人群的心理健康状况。国家层面开始关注民众的心理健康，并且从宏观政策到具体实施，将其纳入"健康中国"的重要组成部分。

国家对心理健康服务体系工作的指导已进入落实及实践的阶段。2018 年 11 月国家卫生健康委、中央政法委等 10 部门印发《全国社会心理服务体系建设试点工作方案》，鼓励党政机关和厂矿、企事业单位等通过建立心理辅导室或购买服务形式，对员工提供心理健康服务。这对中国大中型企业起到了重要的指导作用，也为 EAP 的市场发展带来了极大的利好。

当社会对 EAP 认知普遍提升，需求量也逐渐加大，市场上开始涌入大量资本和大批 EAP 服务商，于是也出现了市场泡沫。随着越来越多 EAP 服务商加入，面对有限的市场份额，EAP 市场进入了新一轮的竞争阶段，低价竞争越来越成为常用方法。

对于中智 EAP 这类早期进入行业的本土 EAP 服务商来说，辛苦奋斗刚见到黎明的曙光，便进入了一个充满艰辛坎坷的竞争期。

早在 2004、2005 年，一些欧美企业依据国际标准在国内寻找 EAP 服务商，可以很容易就能选择到中智 EAP。然而到了 2010 年至 2016 年间，中智 EAP 呕心沥血研制的方案被大量复制，新客户又处于刚刚了解 EAP 但并不深入的阶段，往往看不到方案背后所需要的专业支持，就抛开专业，只谈价格，使得竞争变得相当激烈。而低价竞争的加剧也导致一些 EAP 服务商在品质和服务上做手脚，重"盈利"而轻"服务"，摒弃了专业的流程和标准（如减少呼叫中心的工作，降低咨询师的从业标准，忽略个案管理乃至项目管理等），从而降低成本，意图获取利润的最大化。这不仅让整个行业陷入劣币驱逐良币的恶性循环,最终也损害了企业对 EAP 行业的信任。

第三个阶段:2019 年至今,企业对 EAP 服务商提出了更高的要求

受全球公共卫生事件的影响,企业面临更多的办公及职场问题,引发了社会对于心理健康的新一波关注,市场需求呈井喷状态。EAP 逐渐被企业认可,越来越多的企业尝试开展 EAP 服务,EAP 逐渐成为企业管理的一种新趋势。

随着企业对 EAP 关注度和认可度的提高,企业对 EAP 项目的要求和期待也随之发生变化。EAP 服务商需要不断地强化"内功",需要结合企业的实际情况及多样化的服务需求,探索、研究、设计具有实效、可操作、个性化的解决方案。同时还需要持续加强服务的创新能力,提供丰富的 EAP 体验,让 EAP 项目在保持传统和标准化服务的基础上不断推陈出新,保持项目的新鲜感,提升员工体验,赋能企业。

二、困境中艰难求索,积极应对

在市场、模式随时会发生变化时,无序竞争便成了常态,包括中智 EAP 在内的本土 EAP 服务商也曾彷徨甚至不知所措。

中国近代思想家、学者梁启超道:"物竞天择势必至,不优则劣兮不兴则亡。"中智 EAP 面对这场竞争时清醒地意识到:在激烈的竞争中,只有坚守服务质量、注重研发创新,才能获得持久的竞争优势。因此,中智 EAP 决定坚守初心和理想,哪怕会损失一定的利益,也不能降低服务质量。唯有坚守 EAP 的专业和品质,积极地探索各种可能的应对策略,修炼"内功",增强实力,脚踏实地,才可能厚积薄发、赢得胜利。

(一) 借力中智,成为中国 EAP 国家队

与市场上其他的 EAP 服务商不同,中智 EAP 是一家具有央企基因的组织。总公司中智是一家以人力资源服务为核心主业的中央一级企业,是服务人才强国战略的央企排头兵。

中智强大的市场影响力,极大地增强了中智 EAP 的市场竞争力和品

牌知名度。中智已有的人事管理、人才派遣、招聘及灵活用工、管理资源、健康福利、人力资源技术服务等商业资源,对于中智 EAP 更是一种资源加持,增强了中智 EAP 的人力资源专业基础和实力。

同时得利于中智领导的大力支持,中智 EAP 在漫长的市场培育期里没有因为竞争压力而异化或者走样,更没有消失在竞争的漩涡里,反而因为坚守专业性和服务质量,成为业内公认的独树一帜的 EAP 服务商。

(二) 以"匠人之心",倾力打磨专业度

史厚今说,如要让 EAP 发挥其作用和影响,让 EAP 真正对企业有价值,就需要具备 7×24 小时呼叫中心。同时,从业务宣传推广到个案管理,再到项目评估,从日常咨询到危机干预,都应有一套严谨的、专业的、闭环的执行流程和标准。史厚今坚定地选择秉持国际专业标准优化 EAP 工作流程,以期最大化地保留 EAP 的专业性,以匠人之心和战略的眼光去打造 EAP 服务。

史厚今认为,优胜劣汰、适者生存永远是市场经济的竞争规则,越是在艰难时,越是要有绳锯木断、水滴石穿的坚毅,更坚定地坚持专业这一核心竞争力,这是立身之本,也是竞争之本。

1. 打造专业项目管理团队,保证高品质服务

面对激烈的竞争,市场上多数 EAP 服务商往往做如下选择:在前端设置销售的角色,由专家带领销售洽谈方案,先给企业主留下服务专业的初始印象,以确保能拿下合作。到了中后期服务执行阶段,专家离场或者极少再参与服务,而是转由资历较浅的员工进行对接,服务质量难以保证。

而中智 EAP 的服务方式则不同:每个项目都有一对一的项目经理进行长线跟踪服务。企业需求提出来之后,项目经理会迅速跟进安排了解、拟定基础方案,与客户探讨,中标后开展专线服务……从方案到执行,全程由同一位项目经理持续跟进,有效地避免了 EAP 服务商对企业销售时夸大服务标准,而具体执行时无法保质保量的状况。

在中智 EAP 看来,EAP 应该助力企业,而不应该增加企业额外的工

作量和流程。中智 EAP 采用一对一项目经理长线服务的方式，能够有效地为企业降低沟通成本，显著提高工作效率。

而在中智 EAP 内部，对项目经理的综合考核非常严格。每一位项目经理都被要求：加入团队伊始，必须作为助理协助其他经理人开展 EAP 服务，学习如何挖掘理解客户的需求，如何根据不同企业的性质、规模设计项目方案，如何不断地为老客户新的需求创新开展优质服务等技能，直到可以独当一面。通常需要三年时间的历练和打磨，才能培养出一位优秀的项目经理。

同时，项目经理还必须坚持学习"最先进的 EAP 专业知识和技能"，如接受国际 EAP 协会的培训和督导，获得国际认证 EAP 专员和国际注册 EAP 顾问的权威认证。

针对具体的项目，管理团队也要发挥团队整体优势，即形成合力，全力跟进，资深经理、项目总监、副总监，甚至总经理都会参与。这样的模式可以保证项目经理随时都能向个案中心、内容中心、培训中心获取所需资源。这既是对服务质量的保障，同时也能更快速促进项目经理的成长，让他们在工作中获得自我价值的满足。

当与企业直接对接的项目经理拥有职业价值感，其在服务中的工作积极性、主动性才能充分被调动，从而给客户提供更高效的价值，并反哺团队，推动组织专业性的塑造。

2. 建立成熟个案管理体系，保证咨询服务的质量

史厚今说："我们要像种一棵树一样去发展 EAP。想要让 EAP 这棵树的树干粗壮长大，其核心是我们的服务体系。因此，要用整个服务体系不断地给它充足的营养，树干才能不断生长出分支，各个项目经理就是我们的分支。想要树冠越长越大了，它的根系就要扎深扎稳，这个根系就是服务体系中的个案中心，也就是 EAP 服务的中后台。根系只有足够扎实，才能撑住庞大的主干和枝芽的生长。"

中智 EAP 团队于 2003 年着手建立个案管理服务体系 1.0 版本，时至今日，经过几轮迭代升级，中智 EAP 已经建立了完善的个案管理体系，在个案中心架构、24 小时呼叫中心、个案管理、追踪、回访、转介、危机管理、

咨询师管理、数据管理等方面形成了独特的中智 EAP 服务模式,确保每一个咨询个案都可以得到恰当处理,并将其逐渐完整地呈现及应用于线上管理平台。

3. 研发数据库管理平台,打造服务基础

在互联网发展的早期,中智 EAP 就已经敏锐地捕捉到互联网对企业发展带来的影响,很早便开始部署 EAP 基于互联网的自动化和信息化改造。自 2002 年成立起,中智 EAP 就开始采用云呼叫系统,做到用户来电的实时记录。2009 年,在史厚今的带领下,中智 EAP 开始自主研发"EAP 数据库管理系统",实现了企业管理、个案管理的线上化和无纸化,为企业建立心理档案。

同年,中智 EAP 开始研发"咨询师小助手",心理咨询师通过审核后可以入驻平台,设置自己的专长领域及提供咨询服务的时间,管理自己的咨询订单,通过平台直接和员工进行音视频通话。

中智 EAP 在数据管理系统的基础上构建起中后台服务体系,将咨询服务流程化,提升咨询服务能力,连接业务前、后端,极大提升了中智 EAP 的业务能力。

数据库是隐藏在项目背后不被企业直接看见的服务工具,而建立和维护都需要花费大量的成本,因此被很多人质疑其价值。但露出水面的往往只是冰山一角,唯有得到隐匿在水面下庞大冰山的支持,企业才能不断精进,才能保障优质专业的服务。

4. 建立灾备机制,保障业务的稳定性和韧性

如今信息系统灾备的挑战呈现多样化趋势。网络攻击、硬件损坏、软件系统瘫痪等事件时有发生,因洪涝、地震、火灾、战争等导致数据中心停用甚至数据丢失的事件也不罕见,各种"黑天鹅""灰犀牛"事件随时可能发生。中智 EAP 未雨绸缪,坚持大概率思维应对小概率事件,建立 7×24 小时呼叫中心、数据库等多端服务体系的灾备机制,打造备份数据的存储、数据恢复的策略、业务切换的方案和恢复时间目标等"全方位"的方案,保障数据安全及业务正常运转,避免不必要的损失和影响。

5. 基于各行业心理健康大数据，提供行业洞见

除了服务本身外，精细化的数据记录能够为工作深入分析和研究提供基础。中智 EAP 的个案经理会基于大数据定期出具企业咨询数据报告，对潜在的风险进行预测，最大限度管控员工身心健康风险，为企业发展提出建设性的意见和建议，为企业的健康发展保驾护航。

另一方面，中智 EAP 基于长久的大数据沉淀，基于各行业心理健康常模，持续向企业及社会提供行业洞见，发布专业成果。例如 2023 年，中智 EAP 对因突发性全球公共卫生事件影响的不同行业企业的心理咨询服务使用者进行调查分析，发布《2020—2023 年全球公共卫生事件下企业员工职场心理健康状态洞察分析》，向社会呈现了企业员工的心理健康状况和心理咨询趋势，为企业提供具有指导性的数据支持，促进健康企业建设。该报告在 2023 中国 EAP 行业峰会暨中国社会心理学会 EOA 学术年会上荣获优秀论文奖。

（三）构建数据安全保障体系，筑牢数据安全防线

数据安全不仅关系到企业自身利益和核心竞争力，也关系到整体数字经济稳定运行乃至国家数据安全。习近平总书记指出，数据基础制度建设事关国家发展和安全大局，要维护国家数据安全。作为"EAP 国家队"，保障数据安全、信息保密是中智 EAP 义不容辞的责任和担当。

依托强大技术团队，中智 EAP 贯彻落实习近平总书记重要论述和党的二十大精神，不断完善数据安全治理体系，遵守国家相关的法律法规。中智 EAP 从环境和设备安全、网络和通信安全、主机和系统安全、应用和业务安全、数据安全等层面着手，采用数据独立私有化部署、数据按敏感程度分级、个人隐私数据加密传输与加密存储、获取数据需要审批、数据脱敏显示、自研密钥管理系统等方式，建立风险查找、研判、预警、防范、处置、责任等全链条管控机制，打造全覆盖、高精度、多维度、保安全的网络安全和数据安全保护保障体系，筑牢数字安全屏障，增强系统安全韧性和抗风险能力，为用户的信息安全保驾护航，实现安全保发展、发展促安全。

获得 ISO27001 信息安全管理系统、国家信息系统安全三级保护备案等认证，2021 年入选央企"十三五"网络安全和信息化优秀案例名单……这些都极大证实了中智 EAP 在服务过程中较强的网络安全和数据安全的实力。

（四）与时俱进的技术创新，为企业与员工提供更具人性化、智能化的 EAP 服务体验

"拥抱技术，拥抱创新"是中智 EAP 一直强调的经营理念。

作为 EAP 行业中名副其实的"技术咖"，中智 EAP 聚焦于专业提升的同时，也做了许多科技赋能尝试：积极探索 EAP 与互联网、人工智能等新技术的结合，为企业和员工提供更具人性化、智能化的产品，提升 EAP 服务体验，拓展更多 EAP 的服务场景与应用模式，让 EAP 成为组织自然而然的组成部分，深入激发组织活力，帮助组织实现健康可持续发展。

1. 传统 EAP 碰撞"互联网"，打造灵活、高效、便捷的 EAP 服务

史厚今在与企业客户深度沟通中发现，随着企业对 EAP 关注度和认可度的提高，客户对 EAP 解决方案的性质、范围、实施速度和交付机制的期望也发生了变化，EAP 服务呈现数字化、服务整合化趋势。这种变化包括但不限于对数字服务需求的增加，随着互联网的发展，越来越多的用户更依赖线上服务产品。

与此同时，传统的 EAP 服务模式相对比较单一，以线下服务为主，服务形式不够灵活、主动。如何不受时间和地理的限制，将 EAP 服务提供给尽可能多的员工，方便他们在任何情况下即时获取，这也成为中智 EAP 在服务企业员工过程中不断探索和实践的方向。

当时放眼整个中国 EAP 行业，还没有 EAP 服务线上化的先例。史厚今还是坚定地选择拥抱互联网，中智 EAP 也从此迈向了由"传统"转向"移动化""数字化"的新阶段。

2016 年，中智 EAP 推出了基于移动互联网技术开发的"口袋中的EAP—答心"。"答心"基于互联网模式，以用户为中心，整合各类专业身心健康资源，为员工提供高质量的心理自助服务和心理咨询服务预约系

统,满足不同层次、不同场景的需求,实现与员工间的深度触达,降低员工的使用门槛,让心理服务更便捷,提升可及性,高效提升员工的体验感。将数字化与员工心理关怀赋能有机结合,为员工编织心理安全网,帮助企业营造积极、健康的企业文化氛围。

"答心"不仅仅是一个咨询应用,更是员工身边的心理健康小助手。对于那些"有明确身心健康咨询需求的员工",他们可以通过"答心"的"咨询模块"浏览专家背景、擅长领域、受训经历和服务评价,自主筛选出符合自己咨询诉求的专家、喜欢的咨询方式、咨询时间,可轻松完成预约。在咨询前,也可以通过咨询前预评估的形式,让咨询师可以提前了解自己当前的状态,提升咨询效率及效果。

对于那些"对心理健康知识感兴趣的员工",他们可以在"答心"平台上获得身心健康科普知识、正念冥想练习、心理自测、心理科普视频等轻量化的心理自助服务。无论用户身处何地,只要打开"答心",就可以获取专业的心理科普、疏导及支持,从而更好地实现心理健康教育辐射范围的不断扩大。

对于企业来讲,"答心"不仅支持多种对接方式连接企业内部员工管理平台,和公司更深层次的结合,也支持灵活定制,可以依据公司的企业文化进行平台名称自定义、平台内容及咨询师的个性化定制及定向推送,依据企业文化推动 EAP 的普及。

对于中智 EAP 来讲,"答心"为其探索平台化、集成化、标准化心理服务平台打下了坚实的基础,从而有效地解决了传统 EAP 服务模块零散的问题,同时可以利用用户行为大数据,洞察用户行为,满足用户个性化需求,提升服务标准化、个性化、便利化。

创新的服务模式需要先进的技术做支撑,中智 EAP 所隶属的公司关爱通高度重视产品的自主研发和创新,不断加大研发投入,构建了强大的自有技术团队,在保障数据安全的同时,保障"答心"进行持续的迭代升级,以满足不断进步的科技带来的新需求,提升客户及组织的管理效率,帮助企业构建人文关怀的文化理念,创造健康的职场环境,推动中国心理健康事业的发展。

2. 融合"AI＋心理"，探索 EAP 智能化服务新模式

2017 年，人工智能产品"阿尔法狗"横空出世，击败了当年在 Gorating 世界围棋等级分排名第一的棋手柯洁，让人工智能进入全民"认知年"。

同一年，竹间智能的"情感识别技术"与中智 EAP 移动互联网 EAP 产品"答心"同时获得由 HRoot 颁发的"2017 人力资源服务创新大奖"。竹间智能的情感识别技术以情感计算研究为核心，将自然语言理解、多模态情感识别和深度学习技术与多个垂直领域结合，基于竹间 AI 交互云平台为人力资源行业提供整套人工智能解决方案。而"答心"是基于移动互联网的员工 EAP 服务平台，创新运用移动互联网技术为企业提供便捷、可靠、专业、高品质的线上员工 EAP 服务。

关爱通与竹间智能这两家公司同时获奖引发了史厚今的思考——智能机器人有着广泛的应用场景，将成为未来发展的方向。若能通过"AI＋心理"强强联合，就可以覆盖更多浅层情绪需求，对用户来说，这些浅层需求的及时排解是预防情绪问题升级的有效手段。因此，史厚今产生了把 AI 技术引入 EAP 领域的想法。

正是基于这一思考，史厚今快速与竹间智能达成合作，并召集心理学专家、语言学家、脑科学专家组成产品研发团队，在 2018 年发布了兼具人脸情绪识别与语言交互功能的智能 EAP 机器人"静静"，这也是国内首个通过国际 EAP 协会中国分会专家认证的智能 EAP 机器人。

"静静"结合了前沿的人工智能技术、心理咨询技术，可以实现评估员工状态，给予用户情绪安抚、心理评估、放松技巧、匹配咨询师等个性化心理解决方案，并启动自杀敏感词预警，及时为员工提供帮助。

在用户需要"减压放松"的心理服务阶段，基于正念冥想、积极心理学、眼动脱敏再处理疗法、情绪焦点治疗等心理疗法，"静静"会为用户提供日常心理疏导的小工具，满足用户多种场景需求，随时随地给用户放松舒压。

在用户处于"轻度情绪困扰"的心理服务阶段，基于 CBT 认知行为疗法，"静静"能够通过情景模拟，帮助用户认识负面的思维模式，聚焦问题，改变认知，改变行为，从而改善用户的负面情绪。

在用户处于"需要心理咨询"的心理服务阶段，"静静"则充当"前台"问诊/分诊的角色，基于智能匹配技术的算法，智能识别用户咨询议题，按照情绪困扰、人际关系、婚恋家庭、亲子教育、工作相关五大咨询议题，为用户快速匹配合适的真人咨询师。

目前，人工智能正处于快速成长期。"静静"虽然可以识别用户的语义和状态，提供实时支持和反馈，为用户提供个性化的解决方案，但在理解和处理人类情感方面存在局限性，并不具有真正的思考能力，无法像人类心理咨询师那样与用户建立信任关系，并对于用户的每种状态给予丰富的回应。相对来说，"静静"给予用户的反馈更格式化、机械化。

未来"静静"依然还有很多需要突破的难点及局限性，中智 EAP 将继续加大技术研发投入，深入布局"人工智能＋心理服务"体系创新发展模式，以科技赋能心理健康领域，推进心理服务社会化普及，以标准化和专科化为驱动，构建纵深全谱系解决方案，推进心理服务行业的新高度。

（五）因地制宜，打造品牌竞争力

1. 打造适合中国土壤的 EAP

EAP 服务作为"舶来品"，起初在中国的土壤中一度有些水土不服，如何打造更契合本土的 EAP 服务一直都是中智 EAP 团队的目标之一。德慧创始人之一的朱晓平在初期就搭建起了一套与国际接轨的服务体系，保障所有 EAP 服务的专业品质。而在服务呈现上，史厚今带领团队开展了大量的本土研发，从方案设计到咨询用语，全部本土化，并不断在实战中积累经验，调整迭代，以更加匹配中国文化与生活环境，从而更符合中国员工的习惯，得到了中国员工的广泛信任与支持。

2. 多元化且新颖的 EAP 服务

不同项目针对的群体有所不同，传递的信息也不尽相同，企业管理层的需求也呈多样化，这就要求 EAP 服务商要不断地调整、变化去适配需求。

在实际的服务中，提到 EAP 的名字，企业感到太专业，让员工有陌生感，于是结合企业文化，如何对 EAP 项目命名，就成了重要一环。例如中智 EAP 服务于某大型水电开发企业时，该企业正在建设两大世界级水电工程，建设时间跨度近 10 年。即便企业已经在员工生活区努力营造家的氛围，提供一应俱全的生活服务，但项目地处山区、枯燥艰苦的工作环境，还是给员工带来了不少情绪上的问题。于是中智 EAP 将项目命名为"心灵之家"，连 logo 里也设计了一个小房子，就是为了在员工心理关怀上也带去家的氛围。

不止名称，打造有颜、有料、有趣、新颖的 EAP 服务，是一整套体系的建立。结合企业文化、品牌色设计 logo、相关物料，并在所有的宣传场合中统一使用，提升项目温度，倡导以积极心理学为理论基础，向员工提供积极、幸福的概念，让员工意识到 EAP 不仅仅可以解决问题，更可以让每一个员工变得更好。

随着信息技术的发展，在内容宣传上，中智 EAP 也采用视频、H5 等形式，制作心理情景剧、线上 EAP 小游戏、线上电子刊物等趣味内容，增加了 EAP 内宣的美观度，降低了员工参与的门槛，让服务更好地渗透到企业内部。

3. 专案研发与业务贴合更紧密

中智 EAP 在服务中观察到，国外的 EAP 服务在职能上更加细分，如他们会有专门做危机干预的专家。这给中智 EAP 带来一些启示，也开始根据客户需求研发专案，在提供常规及成熟的 EAP 产品服务包之外，研发更多专案，从而协助企业解决更多的特殊专项问题。

例如专门针对组织变革的专案。中智 EAP 接到个别客户需求后，进行深入研究和实操，最终研发出一款成熟的"组织变革专案"产品，并迅速成为行业中解决此类问题的先行者。这个专案，在 2008 年的金融风暴后帮助很多企业度过了组织变革的阵痛期。

除了组织变革之外，中智 EAP 还做过诸如减脂、戒烟等一系列健康领域的专案，成功地将 EAP 延伸到健康领域，也收获了一批客户。这些专案往往附加值很高，使得中智 EAP 在价格战期间虽然失去了一些客单，但反而增加了更多品质优势，以产品价值成功拓展了服务领域，增强了服务实力。同时，中智 EAP 员工的成就感和价值感也得到了有效提升,这对于一直强调"人是 EAP 发展的关键"的中智 EAP 来说,则是更大的收获。

结语

时至今日,EAP 乃至整个心理行业的服务模式、市场认可度等都发生了翻天覆地的变化,越来越多的企业认可并引入 EAP 服务,中国社会心理服务体系建设也在不断完善。但我们深知,全面推进新时代社会心理服务体系建设之路任重而道远。

中智 EAP 将会继续探索关怀员工的新视角新趋势,致力于 EAP 行业的技术及产品创新,为那些服务于员工的从业者带来新思维,为客户、社会提升心理健康和生活品质,在未来继续引领 EAP 的创新、创意和创造,实践 EAP 的新领域、新思路、新技术,推动并引领中国 EAP 行业的健康发展,为加强社会心理服务体系建设贡献出一份力量,为健康中国建设鼎力护航。

见证人如是说
见证人之一：赵然[1]

我在 EAP 这个领域有 20 余年的相关经验,曾在国际 EAP 协会中国分会担任主席(目前是名誉主席)。经常有企业让我推荐 EAP 服务商,本着对 EAP 行业负责、对客户需求负责的原则出发,中智 EAP 一定会出现在我推荐供应商的名单里。

因为 EAP 服务本身就具有挑战大、利润小、客户需求多元化、个性化定制要求高的特点,许多 EAP 服务商在大浪淘沙中或退出市场,或徘徊在生存边缘,还有许多夸大 EAP 的功能而忽视服务的质量。难能可贵的是,中智 EAP 20 年来始终以匠人之心,塑专业之形,为企业提供高品质的 EAP 服务,它也由此留住了很多非常优秀的客户,更有超过十几年的老客户。同时,中智 EAP 作为 EAP 行业的先行者、探索者,一直以来都在身

---

[1]　赵然：原国际 EAP 协会中国分会主席。

体力行引领 EAP 行业的创新发展,推动中国 EAP 事业的进步。

我也非常感谢心理学领域的知名专家学者对 EAP 发展的支持,如中国科学院心理研究所所长傅小兰、副所长张建新等,多次出席行业峰会并发表主旨演讲。

见证人之二:皮兴忠[1]

EAP 团队在关爱通公司内部一直是一个特殊的存在,他们长期深耕于员工心理关怀这个专业而细分的领域。尽管平时他们在公司内部比较低调神秘,但每年年会总能带来令人惊艳的节目,展现出他们的才艺与活力。随着对这个团队的深入了解,我对他们的专业性、激情和怀有仁者之心的使命感有了更深刻的认识,也意识到他们对公司的独特价值。

我希望这个团队以后能够在积极心理方面有更进一步发展,能激发所有员工的活力与潜能。期望他们能与关爱通的其他福利业务进行融合,打造一个更加全面的企业员工关爱体系,从物质层面延伸到精神层面,使员工及其家属在工作和生活中都能得到更好的关爱和支持。我相信,在 EAP 团队的加持下,关爱通是最有可能构建出这个体系的。期待与这个团队一同见证未来,共同努力去创建一个企业和员工相互支持、共同发展的"优质职场"。

见证人之三:施浩杰[2]

2011 年大学毕业后我就加入了中智 EAP,先后在项目组、产品研发组工作过。2016 年起,我很荣幸主导了"答心"项目的研发,时至今日,"答心"也快 7 岁了。我依然清楚地记得,在当时互联网＋的浪潮下,大家对于是否需要基于互联网＋模式研发移动化 EAP 产品、注重员工交互的服务端是否有存在必要讨论了很久。虽然当时有个别客户提出了数字化 EAP 服务需求,但这是个别的需求还是未来普遍要求?我们一时难以判定。得力于史厚今老师在当时提供的坚强支持,才能使"答心"真正实现从无到有。

在之后发展中,"答心"也没有因为是先行者而停顿休息,更多是从不

---

① 皮兴忠:中智关爱通(上海)科技股份有限公司副总经理。
② 施浩杰:中智 EAP 早期员工,现任中智集团运营经理。

同趋势、不同角度来考虑，让这个项目逐渐成为一个有活力、有竞争力的产品。基于此，我们和个案中心合作，实现了个案管理移动化，和项目组合作，将"答心"项目的定制化程度进一步丰富，满足不同类型企业的需求，更是面向未来，积极拥抱人工智能这一热门领域，研发智能 EAP 机器人"静静"。

专业 创新 铸造中国 EAP 良性业态

引言

EAP 在中国发展到今天,如何构建良性的产业生态,开始成为全行业聚焦的重点。包括专家学者、高校、EAP 服务商、企业在内的多股力量,都已经开始在产业生态的打造上展开了新一轮的探索。大家围绕 EAP 进行相关的学术研究、学科建设、人才培养,又在执行层面建设标准、拓展产业下游等多方向共同努力。一个完整的中国 EAP 产业生态正在建立,并且在持续完善和发展。

一、国际 EAP 协会中国分会成立,推动中国 EAP 业态良性发展

早期中国 EAP 市场缺乏规范的行业标准和监管机制,一些 EAP 服务商缺乏专业资质和认证,还有一些服务商则在服务质量和服务内容上存在缺失,没有统一的服务标准和流程。EAP 市场上的服务商服务质量参差不齐,难以满足企业和员工的需求,再加上一些无序竞争,从而导致较多市场乱象。此时亟待一个行业的社会组织出现,制定行业服务标准,规范行业规则,加强行业自律,引领行业健康发展。

时光回到 2013 年,在中国 EAP 专家学者赵然及中国科学院心理研究所所长傅小兰、副所长张建新、研究员史占彪等人多方积极努力的推动下,国际 EAP 协会中国分会正式成立。国际 EAP 协会中国分会的成立,标志着中国 EAP 建立了自己的行业组织,并与国际 EAP 接轨,走上了国际舞台。同时作为专业的行业组织,发挥着桥梁纽带作用,组织和动员行业各方力量,推动制定与实施 EAP 行业服务和专业人员的统一标准,提升行业的服务质量,打造专业、多元、规范的 EAP 行业平台,建立起立足

专家学者和实务专家、衔接需求方及供应商的 EAP 产业体系，促进中国 EAP 行业的发展。

2014 年 9 月，时任国际 EAP 协会中国分会秘书长史占彪率领赵然、檀培芳、史厚今等作为团队成员的中国代表团前往美国，参加国际 EAP 协会在奥兰多举办的年会，并拿到国际优秀分会奖。在奥兰多年会上，还有一个特别荣耀时刻，即国际 EAP 协会出于对中国代表团和市场前景的重视，专门安排了中国 EAP 分享专场。时任国际 EAP 协会中国分会副主席的赵然，以学者的身份代表中国为 EAP 学术研究进行分享；檀培芳以企业甲方的身份，代表中国 EAP 的客户发表了体验感受；史厚今以乙方的身份，代表中国 EAP 的服务商登台发表了《中国 EAP 发展趋势》的演讲。也是在这次会议上，"中国 EAP 三姐"的美称就此在业内遍传。三位多年深耕在 EAP 领域的专家，以三种身份、三个角度，相辅相成融为一体，代表中国 EAP 行业为国际 EAP 专业人士全面展现了中国 EAP 的发展状态，也进一步加快了中国 EAP 行业的国际化交流与传播，推动中国 EAP 事业的国际化发展。

2016 年，国际 EAP 协会中国分会举办中国 EAP 学术年会第二次全国代表大会，来自中国科学院心理研究所、中央财经大学、北京师范大学、青岛大学、清华大学、北京林业大学、南京大学、浙江大学、华东交通大学、内蒙古师范大学、天津师范大学、武汉理工大学等 18 所高校，以及来自中石油、中石化、中海油、中国华电、中国交通银行、中国移动通信、通用电气公司、联想集团、大庆油田、深圳公交、北京华为、南方国网、天津国网等 55 家企事业单位，还有来自北京、广东、四川、山东、河南、河北等 23 个省市参会代表，共计 200 余人出席此次代表大会。由于 EAP 是一个以专业为核心、注重实践的领域，因此国际 EAP 协会中国分会常委会特意提出了增设 EAP 服务商委员的要求。当时有 5 家 EAP 服务商毛遂自荐，在国际 EAP 协会中国分会副秘书长闫洪丰先生和中国科学院心理研究所应用发展部主任张莉博士的组织下，进行了透明、公平、公开、规范的无记名竞选投票，最终选定中智 EAP 及一家已退出 EAP 市场的服务商为理事单位，这充分认可了中智 EAP 在行业深耕数载的成果和实力。同时，中智 EAP 总经理史厚今,也成为国际 EAP 协会中国分会的常务理事。

中智 EAP 历时多年筚路蓝缕,不断改良使 EAP 服务更贴近中国特色,努力积累了大量服务经验和成就。又始终坚持贯彻行业标准,逐渐建立起了行业口碑,并荣获国际 EAP 协会中国分会颁发的"2017 年中国 EAP 行业杰出供应商奖""2018 年中国 EAP 行业 20 周年优秀创新技术奖一等奖""2023 年中国 EAP 卓越服务奖"等诸多荣誉,史厚今获得了"2018 年中国 EAP 行业杰出个人成就奖"。

时间来到了 2022 年,中国 EAP 行业在学术领域迎来了重大进展。中国社会心理学会成立员工与组织社会心理援助(EOA)专业委员会为中国 EAP 发展提供了更为广阔的学术空间,职场员工心理健康正式被纳入学术研究体系。

二、产学研融合,推进心理咨询服务体系建设

20 世纪 90 年代是 EAP 初创时期,中国学习心理学、心理咨询的学生数量增长缓慢,学科分类尚不完善,EAP 相关的专业学科甚至尚未开展。直到 2013 年前后,各大高校开始开设 EAP 课程。2018 年前后,赵然做过一个不完全统计,国内有至少 50 所大学开设了 EAP 专业课程。高校专业的开展,让中国 EAP 有了源源不断的专业人才输入,同时也因为有了这样专业的、体系化的培训,大众也开始对于 EAP 有了更多了解和接受,并愿意就职于这个行业并在实践中继续学习。人才队伍的不断扩大,为EAP 行业的发展奠定了人才基础。

一个行业若想良性且可持续发展,一定离不开适合行业生长的健康土壤和生态环境。行业营造开放进取的发展环境,上游高校新生力量源源不断地输入,与下游企业在实践中的进一步培育,保证了中国 EAP 行业不断焕发生机的基础条件。

(一) 合作高校建立实习基地,协同育人

EAP 是注重实践的应用心理学,各所开设课程的高校也需要与企业合作,建立 EAP 实习基地。而优秀的 EAP 服务商能够提供足够丰富的

实践资源，于是中国 EAP 行业的校企合作、联手育人的模式的成功建立也就水到渠成了。

中智 EAP 作为一家勇担社会责任的服务商，结合自身在 EAP 领域多年的实战经验与资源积累，先后与中央财经大学、华东师范大学、上海师范大学三所高校的应用心理专业成立实习基地与产学合作教育基地，积极推进校企合作协同育人，为优秀学生提供专业指导老师和实习机会，帮助他们将所学理论融汇到应用场景中，去帮助更多需要获得帮助的人。中智 EAP 咨询顾问专家马竞文，被聘为华东师范大学认知科学学院应用心理专业学位临床与咨询方向兼职督导师。她拥有深厚的心理咨询理论与实务技能，其丰富的咨询经验对于应用心理硕士人才的培养，尤其对加强学生咨询实务技能训练起到极大助力。

三所高校则利用多年积累的教学科研成果、新理论、新技术，以专业力量推动整个 EAP 行业升级，实现技术创新成功转化。双方利用各自优势，实现"产学研"深度结合，共同建立实践教学基地，培养创新型、复合型、应用型专业人才，打造心理健康产业生态，全力推进心理咨询服务体系的建设。

(二) 出版 EAP 经典案例集，为高校提供教学指导

在高校对应学科建设过程中，相关教材资源也在不断丰富。赵然联合陕西师范大学心理学院副教授宋国萍、北京师范大学发展心理研究所博士王京生共同翻译了国外经典教材《员工帮助计划：促进身心健康的方案(第 4 版)》。此外，赵然还组织编写了包括《员工帮助计划：EAP 咨询师手册》《员工协助方案专业人员手册》《员工帮助计划(中国经典案例集)》(以下简称《案例集》)三本专业书籍，覆盖了从 EAP 专业理论到运营的全面探索。

其中，《案例集》是 2017 年由赵然协同中智 EAP 团队共同编撰的，这是一本基于 EAP 本土化服务，汇集 18 年经验、典型案例的著作。有别于纯理论性的著作，《案例集》收录的均是过去十多年真实 EAP 经典实操案例，并基于这些案例运用方法论萃取出具有指导价值的经验，包括 EAP

服务中的常见个案、职业岗位特色个案、绩效管理个案、组织变革管理个案、企业框架下心理疾病个案以及危机干预个案等内容,具有极强的教学、实践、指导意义。

该《案例集》不仅可以作为专业师生的案例课教材和参考书,也有诸多企业竞相购入,将其作为企业内部的培训指导用书,为 EAP 公司从业人员、心理咨询师、企业 HR、管理咨询者等专业人士在项目实践中提供指导,极大地提高普及了各行各业对 EAP 的认识和认可度。

(三) 产教研结合,孵化出新的 EAP 服务产品

除了助力学科建设,EAP 的产教研合作还有助于产业在孵化新服务产品的不断探索。例如,中智 EAP 于 2020 年前后与上海市行为科学学会共同合作,研发了一套测评模型——"职场心理健康指数模型"。

这套模型的作用主要是将 EAP 测评的视角从个人视角转换为职场视角。换句话说,以往的测评工具关注的是个体本身,测评的是个体信息或状态,如情绪状态、抗压韧性、工作满意度、睡眠质量等。而"职场心理健康指数"关注的是职场环境本身,是以工作为核心,分析影响员工心理健康水平的职场因素,如工作负荷、组织文化、工作中的人际关系等。更重要的是,该指数模型还能创新性地对员工工作表现、超职责奉献精神和留任意愿等行为进行预测。

可以说,"职场心理健康指数模型"把 EAP 服务从发现和解决个人问题,推向了挖掘、优化和提前应对组织管理问题。真正践行了习近平总书记关于加强职工心理健康服务体系建设的讲话,切实为企业员工树立自尊自信、理性平和、积极向上的心态创造了条件,彰显了"以人为本"的现代化企业管理理念。

三、引入心理咨询技术,助力行业持续发展

EAP 行业发展中,要想构建良性发展的产业生态,打造可持续的发展模式,重点在于结合企业实际需求,在专业人才的培养中引入心理咨询技术的学习和应用。

（一）引入适合 EAP 框架的咨询技术——焦点解决短程治疗

从当前的数据来看，使用 EAP 咨询服务的客户大多是企业员工，这些员工当中 85%～90% 的员工社会功能均正常。他们咨询的方向主要是因为工作或生活中遇到了一些困扰，希望能有一种快速解决方式。而焦点解决短程治疗的咨询技术（以下简称"焦点技术"）就是一种以来访者的目标为中心、围绕工作场所和组织的需求、从资源入手解决问题的治疗方式。2005 年第三届中国 EAP 年会的会前工作坊，中智 EAP 特地邀请了焦点技术研究资深专家、时任台湾暨南国际大学辅导与咨询研究教授萧文，进行了为期两天的关于焦点技术的培训，这也是焦点技术第一次引入中国内地 EAP 领域。简单地说，焦点技术就是在 EAP 咨询过程中，聚焦一个问题并迅速解决。因为 EAP 咨询大量解决的都是员工比较浅层次的问题，一般都要求迅速聚焦，快速提供方案，高效高质解决，从而调整员工状态使其重新投入工作。

除了作为基础的 EAP 服务技术之外，焦点技术也可以作为有效的教学工具加入签约咨询师的培养和培训中来，能够有效帮助咨询师提升咨询技术，为 EAP 事业持续发展储备人才。

（二）重视职业伦理培训，坚守服务伦理边界

心理咨询最重要的专业特点就是保密性。对于参与咨询的个体来说，自然不愿意自己的隐私泄漏。但站在所属企业的角度，希望及时掌握员工的心理状态及其变化是非常重要的，尤其在国内刚开始实施 EAP 服务时，企业很难认同这个观点。基于对员工个人隐私的保护，EAP 服务商不能随便告知企业对应员工的咨询情况，但当员工可能发生生命危险时，又要及时向上通报，于是保密行为的边界就变得较难判断把控。

由于 EAP 服务对象为双重客户，中智 EAP 很早便意识到咨询中伦理的重要性和复杂性。因为一旦伦理被破坏，员工将不再信任咨询体系，不再信任企业，而底线被破坏后，标准的再设定将会难上加难，这对 EAP 行业的发展也将是致命的。

于是在 2014 年，中智 EAP 邀请到台湾心理咨询师协会伦理工作委

员会主任王智弘,携手上海同馨济慈健康咨询中心共同组织了为期两天的EAP咨询中的伦理培训。通过大量案例去分析探讨EAP的伦理边界,以期提升EAP咨询师专业伦理与相关法律边界,以及保障EAP所有客户的隐私安全。伦理执行的背后需要庞大的流程去保障,中智EAP将伦理宣讲植入到咨询服务的早期,向员工和企业科普保密条款如何执行与发挥作用,并在咨询的每个环节都不断强调信息的安全性,设置诸多环节以保障员工的安全。

一件坚守笃志的事情意义往往比实际结果更重要,正是秉持着这样的信念,中智EAP作为行业领先的EAP服务商,更愿意担负起这份责任去塑造行业标准,从而推进中国EAP事业健康持续地发展,这也是中智EAP在行业激烈竞争中能脱颖而出的要素之一。

四、重视提升咨询师队伍素质,积极推动专业人才培养

咨询师是EAP行业生态中"专业"的实施承载者,因此对于EAP服务商来说,对咨询师的主动管理就非常重要。咨询师的质量、生存状况,都将影响服务对象的咨询质量,也最终会影响到企业和行业发展。

为了更好地为行业培养长久的人才资源,中智EAP规范了一整套包括咨询师选拔、培育、留任的完整体系。

(一)建立和完善咨询师入驻标准机制

EAP心理咨询师的专业能力,对于EAP框架下的心理咨询效果有着重要的影响。对EAP咨询师专业能力的评估,中智EAP建立了一套咨询师入驻标准机制。除了考核咨询师的学历学位证书、执业资格资质、咨询经验、督导时数等基础的准入要求外,基于心理咨询的复杂性和对于咨询执业技能要求的多样性,中智EAP还建立了咨询专家组实战考核机制,从实战中考核咨询师的咨询技术和个案评估能力、伦理及职业化能力等维度,招募具备职业胜任力的EAP心理咨询师,并且经过一个阶段的实习考核才能进入正式录用入驻。

在咨询师正式入驻后,中智EAP也建立了咨询师成长晋升体系,不

断定期地通过对咨询师的主客观反馈数据、咨询效果评估数据对咨询师进行评估，从而筛选出优选咨询师。

这套咨询师的入驻标准机制，不仅可以保证咨询的服务质量，也为咨询师的学习和成长指引方向，助力推动中国心理咨询行业的发展与进步。

(二) 咨询师的选择应注重多元背景

中智 EAP 签约的咨询师背景多种多样，有高校、心理咨询中心的老师，也有一些在企业内部专业的心理咨询师，如 HR、团队管理者、职场教练等，甚至还有一定比例医学背景的职员，如精神科医生、心理治疗师、全科医生，以及一些专职心理咨询师、聋人/听障咨询师。这支团队的打造，正是基于中智 EAP 选择咨询师的一个准则——保持咨询师群体形态中个体背景的多元化。因为 EAP 咨询服务要面对的是形形色色的职场人群，千人千面，遇到的问题也不尽相同，如咨询师背景单一，就不能保证提供多元化的咨询服务。

(三) 打造咨询辅助保障体系保证咨询质量

除了背景多元化外，中智 EAP 对于咨询师的使用也有一个准则，即咨询质量必须优先保障。为确保咨询质量，对咨询师均使用双线管理：一条线是督导制度。当咨询师遇到棘手案例，可以主动向中智 EAP 申请督导，或是当中智 EAP 在个案管理时发现咨询师需要帮助，可以要求介入督导。中智 EAP 会付费邀请行业资深的专家来为咨询师做专门的督导，以提升咨询师的咨询能力，确保质量；另一条线是质量管理系统。中智 EAP 已经建立起了非常完善的管理体系和工作规范条款，并通过"个案中心"承载全部管理工作。例如个案完成后进行来访者回访，遇到特殊个案时会在严格遵守伦理的前提下，由内部专家与咨询师一起跟进，保证每个个案的一系列过程都有专业管理。

同时，为了保障服务质量，中智 EAP 还制定了明确的惩罚措施，如预约咨询迟到者会有惩罚，屡犯或情节严重者，甚至会停用。

（四）咨询师的培养应具有持续性

除了焦点技术、咨询伦理等专项培训外，中智 EAP 日常也会为咨询师提供培训、督导、实战演练和分享等，促进咨询师的不断成长与进步，给予签约咨询师极大的安全感及保障，降低咨询师应对复杂困难个案带来的执业风险，从而保持了长久的合作关系。

（五）咨询师要优中选优，沉淀优质资源

中智 EAP 建立了一套评价体系来持续对咨询师进行监督和管理。通过回访个案来访者，建立每一个咨询师的回访记录。定期进行签约咨询师的全员排名，优胜劣汰的选拔，排名靠前的优秀咨询师就能获得更多的个案，多次排名靠后者则会被淘汰。同时特别事项特别对待，分层机制则针对一些专家级的咨询师，用"专人专办"的留用方案留住优秀人才。

EAP 服务的是双重客户，在咨询的个案中，员工是咨询师的客户，但对整体项目而言，企业也是客户，强调对咨询师的"主动管理"就是对双重客户利益的保障。而市面上也有一些机构，基于互联网平台，采用单一用户维度给咨询师进行评价或打分，缺乏咨询师管理体系的全面性与整体性。中智 EAP 认为，在产业生态中，对咨询师的成功培养对整体咨询师队伍素质的提升都是一种推动，特别是对于行业来说，这是一种长久性的保障，能让整个行业更加良性、健康的发展。

五、打造完整产业链，形成具有全球竞争力的开放创新生态

随着经济的快速发展，众多中国企业开始走向海外市场。为了对这些中国企业的海外员工持续提供 EAP 服务，中智 EAP 在国际上寻找到知名的合作伙伴——ICAS。ICAS 作为国外本地服务的合作方，为海外员工提供本土化的 EAP 服务，尽最大可能保障员工的心理关怀服务。

ICAS 于 1987 年在英国成立，是一家专注于为企业员工提供高质量临床心理健康服务和员工支持解决方案的专业 EAP 服务商。凭借 36 年的发展和经验积累，ICAS 向全球人员基数众多的跨国组织提供高标准 EAP 服务，覆盖 155 个国家和 66 种语言，为全球 1 500 家机构和 650 万员

工提供服务。

2020 年,在相互评估双方 EAP 服务覆盖范围能力、客户体验、数据安全保护能力、服务有效性、可及性和及时性等标准和要求后,ICAS 与中智 EAP 达成全球战略合作关系。ICAS 为中智 EAP 所服务的海外员工提供本土化的 EAP 服务,同时中智 EAP 作为 ICAS 在中国 EAP 服务的实施方,也能够填补其对中国文化背景、历史习俗、社会环境等领域的空白,快速了解客户需求,并提供因地制宜的出色解决方案。

（一）"本土化"的重视

随着全球经济一体化和国家间相互依存关系日益深化,越来越多的跨国公司在全球范围内寻求统一的服务、标准、协议、流程和监管。与此同时,越来越多的跨国公司也认识到,在提供 EAP 服务时,需要考虑当地语言、文化、宗教、医疗保健体系、基础设施、社会经济条件、法律法规等各方面因素,以此适应当地的环境。中智 EAP 与 ICAS 有着相同的理念,在保持全球标准和统一监管的前提下,兼顾敏捷性和灵活性,来满足不同环境下有所差异化的咨询需求。

（二）"个性化"的坚持

为企业提供"个性化"EAP 定制服务,可以更好满足具体客户的特殊需求和偏好,同时也能提高员工的参与度,给予更好的关爱,这同样是两家 EAP 服务商共同的观念。

（三）覆盖多地的服务范围

心理咨询讲究及时性,中智 EAP 和 ICAS 都非常重视确保用户可以享受 7×24 小时的母语服务,且确保由了解当地社会、经济、文化背景的专业人员提供。尤其是针对突发事件的应对流程,也需要贴合当地环境因素,对严重危机和创伤做出快速和适宜的现场反应,因地制宜的沟通和营销措施能够促进相互之间的信任,确保服务的顺利进行。

（四）多样包容的合作理念

团队推崇合作、协同创新、多元化和包容性，是中智 EAP 和 ICAS 的共识。双方秉持着开放、信任和包容的态度，坚持推进高质量的合作，以确保在全球范围内与行业内外建立和保持正确的关系和联系。

（五）高标准的服务要求

面向国际，为了对全球的服务使用者提供高质量的心理咨询服务，中智 EAP 及 ICAS 始终贯彻高标准的 EAP 服务要求。通过制定严格的选拔程序、持续的培训计划和严格的专业督导程序，让优质 EAP 咨询师成为服务的核心。

尽管起步较晚，但中国的 EAP 事业已经与国际接轨，并在互联网技术上处于领先地位，具有行业前沿性和领导性。这一成就离不开中国经济的飞速发展和人们对精神需求的日益增长。此外，国内 EAP 行业的良性生态不断完善，也越来越能够随着中国企业的高速发展健康可持续地同步成长。

见证人如是说

见证人之一：史占彪[1]

中智 EAP，作为中国范围内少有的有央企背景、有历史沉淀、有人力资源底蕴的 EAP 服务商，从一开始就凸显其规范、模范、示范作用，有 EAP"排头兵""讲话老大"的气派和气势，特别有"范"。中智 EAP 的 7×24 小时心理咨询热线，特别强调伦理和规则，一直不断升级，不断拓展；其项目投标、应标、中标，一直重视规范操作，经常在行业分享"口碑"的重要性，很多重要做法已经被 EAP 同行视为"服务规范"。在中国 EAP 行业峰会、中国 EAP 学术年会上，作为理事单位和最佳供应商代表，总是给予无条件的赞助、资助和协助，带动了一批理事单位关心关注 EAP 组织建设，营造良好环境和氛围，是"行业模范"。同时，中智 EAP 注重 EAP 学

---

[1]　史占彪：中国科学院心理研究所教授、博士，心理教练首席专家，中国传统文化与后现代心理学高峰论坛执行主席，国际 EAP 协会中国分会主席。

术、坚持举办年会,潘军总经理和厚今总经理多次在中国 EAP 行业峰会、中国 EAP 学术年会做报告,给我们留下了深刻印象。首次推出的智能 EAP 机器人"静静",也让我们耳目一新。中智 EAP 将社会服务的持续"高效"和学术探索的追求"高端"相结合,是 EAP 行业宝贵的"学术示范"。

见证人之二:汪红英[①]

2020 年,全国研究生教育会议在北京召开。教育部等印发的《关于加快新时代研究生教育改革发展的意见》明确指出:"完善科教融合育人机制,加强学术学位研究生知识创新能力培养;强化产教融合育人机制,加强专业学位研究生实践创新能力培养。"

作为华东师范大学心理与认知科学学院产学研合作项目和研究生专业实践工作的负责人,学院在遴选合作单位时,聚焦人才培养质量的提升,关注合作单位的专业化程度、行业口碑与影响力,考察其对高校人才培养可以提供的支持和企业的社会责任等多方面要素。中智 EAP 是一家具有央企基因的组织,在心理健康、人力资源、组织行为等多领域,与学院有着广泛地合作空间,是学院在专业实践、课程建设、行业产业专家队伍建设等产学研项目合作的首选合作单位之一。

华东师范大学心理与认知科学学院坚持面向世界科技前沿、面向经济主战场、面向国家重大需求、面向人民生命健康,以习近平新时代中国特色社会主义思想为指导,全面贯彻党的教育方针,落实全国研究生教育会议精神,深入实施新时代人才强国战略,以立德树人、服务需求、提高质量、追求卓越为主线,践行学校"育人、文明、发展"三大使命。按照世界一流卓越育人标准,培养国家急需的卓越、高端的应用型人才。华东师范大学心理与认知科学学院期待与中智 EAP 进行更深层次的探讨与合作,为新时代社会心理服务体系建设添砖加瓦。

见证人之三:王怀勇[②]

基于双方各自的高质量发展需求,上海师范大学心理学系与中智 EAP 建立了一种深度而高效的产学合作关系。作为国内较早成立的知名

---

① 汪红英:华东师范大学产学合作负责人。
② 王怀勇:上海师范大学产学合作负责人。

EAP 服务商,中智 EAP 鼎力支持了心理学系相关课程的建设,如协助系里老师给本科生开设了专业方向课《EAP 理论与实务》,并安排公司实战经验丰富的老师走进大学课堂举办 EAP 讲座,受到了领导、老师和学生的一致好评。作为心理学系学生的高端实习实践基地,中智 EAP 每年都会接纳本科生或研究生开展专业实习实践,通过全程参与 EAP 项目,学生们进一步增长了知识,提升了才干,锻炼了应用心理学的实际操作能力,培养了学生发现问题、分析问题和解决问题的能力,实现了将所掌握的心理学理论知识与职业心理健康服务实践有机结合的培养目标。在这一过程中,通过实习实践,学生们学会了做人做事的本领,掌握了人际沟通和团队合作的技能,为其未来的择业和就业打下了坚实的专业实践基础。未来双方可就 EAP 如何更好地进行本土化开展更深入地课题研究合作。

见证人之四:樊琪①

值得一提的是,中智 EAP 在为社会提供优质服务同时,还为中国 EAP 事业的人才队伍建设和高校相关专业的学科建设提供了宝贵的资源,主要表现在以下两方面。

一是 2000 年起,中智 EAP 初创时期的大量案例被上海师范大学应用心理学专业本科生课程《EAP 实务》引用,被华东师范大学应用心理学专业硕士课程《EAP 研究》引用,还被注册员工援助师认证培训和国家职业资格心理咨询师认证培训引用。而 2017 年中智 EAP 出版的《案例集》为莘莘学子和社会人士提供了更加多样化的 EAP 实操方法和创新思路。

二是中智 EAP 长期作为中央财经大学、华东师范大学、上海师范大学应用心理学专业的实习基地,接受本科生、研究生的实习,助力高校培养应用型、复合型、创新型专业人才。这些人才中有的成为 EAP 从业者,有的成为心理咨询师,有的成为企业管理者,他们的共同特点是深谙企业责任、善于系统思考、懂得员工关爱、自觉持续成长。

---

① 樊琪:心理学教授、博士,首批注册高级员工援助师,首批国家认证职业资格高级人力资源管理师。

见证人之五：刘翠莲①

一不小心我就成了见证中国 EAP 发展历史的人。感谢朱晓平 2002 年把 EAP 引入中国，敬佩潘军总经理、史厚今老师和中智的魄力，把德慧发展成如此深具规模及专业化的中智 EAP 团队。我的硕士导师顾骏老师曾经在我入职高校心理咨询时说过："目前这个社会不缺专家，人人想成为专家，但缺为专家服务的团队。"史厚今老师这种难得的前瞻眼光与服务态度，打破工作室模式桎梏，建立起与国际接轨的服务标准，打造了一支符合现代企业管理模式的 EAP 团队。更值得一提的是，这个由国内专业硕士及留学生组成的青年团队，好些人在这里工作已十余年之久。我深信中智 EAP 一定会发展得越来越好。

见证人之六：吕圣婴②

作为心理咨询师加入中智 EAP 以来，我在个案咨询专业领域的提升首先得益于个案中心专业严谨的工作流程，如定期收到咨询效果评估反馈、参与个案督导及各类专项培训等。中智 EAP 咨询顾问专家马竞文不仅在危机个案处理过程中能够给予咨询师技术指导和心理支撑，在情绪管理、个人成长、青少年个案等多种类型的个案督导中都能与其进行深度研讨，共同探索，还能根据其本身的咨询风格给予一针见血的实用建议。个案中心高级经理陈雯在咨询师的阶段性发展方面总是能够提供充分的讨论空间，结合咨询师个人的多元背景和能力，帮助咨询师校准定位和拓展。以上及时有效的评估反馈机制，专业实用的督导研讨，以及对咨询师个体发展的推动，构成了咨询师提供高质量个案咨询并持续发挥潜能的有机体系。中智 EAP 基因里积极开放、关爱共创的人文精神，是推进优质专业服务和良性生态建设的动力源泉。作为"中智 EAP 20 周年同路人"，我为能与这样一支专业有爱的团队合作，见证彼此的每一步成长感到荣幸和自豪。

---

① 刘翠莲：专职心理健康教育与咨询工作 20 余年，中国心理学会注册心理师，上海心理卫生服务行业协会监事，上海高校心理咨询协会督导师。
② 吕圣婴：EAP 个案中心咨询师，国家二级心理咨询师，中国科学院认证应用心理教练，APPC 少儿心理咨询师。

见证人之七：安德鲁·戴维斯(Andrew Davies)[1]

推动 ICAS 与中智 EAP 建立长期合作关系的原因有如下几点。

首先，中国是 ICAS 全球最大和最重要的市场之一，因此拥有一个能够满足我们在中国地区需求的合作伙伴至关重要。我们与中智 EAP 团队的合作一直以来都非常良好。双方始终保持着互相尊重和信任的态度，建立了真挚而专业的合作伙伴关系。

其次，中智 EAP 可以为我们的客户提供高品质的 EAP 服务，并且对我们提出的需求反应迅速，完全符合我们对于合作伙伴设定的所有标准和要求。

最后，中智 EAP 具备在中国全国范围内提供 EAP 服务的能力，并可以协助我们为客户提供诸如危机干预、项目管理等专业服务。

我们对与中智 EAP 的合作感到无比自豪，非常高兴与荣幸能与这家备受尊敬的世界级服务商合作。

---

① 安德鲁·戴维斯(Andrew Davies)：ICAS，首席执行官。

商业之外 EAP 的实力担当

引言

　　EAP 是一种天然带有社会责任的商业服务,而对于社会责任的履行,也让 EAP 在众多社会事件中体现了其不可替代的价值。而基于这些社会责任的行为,也在某种程度上让 EAP 被社会大众所认可,并快速成为社会心理服务体系中一个重要的组成部分,这些对于 EAP 行业的发展都有着积极的推动作用。

一、背景故事

　　史厚今曾遇到过这样一个案例:某公司管理者在咨询中提到其团队中的一位员工最近表现异常,对公司的政策高谈阔论,表示需要和领导层沟通表达自己的观点,在工作场所情绪亢奋,和同事对话答非所问。因为该员工之前表现内向,这突然的转变让管理者摸不着头脑,于是前来咨询。

　　通过和管理者的沟通,史厚今判断这个员工可能出现了一些偏精神病性疾病的症状,需要就医诊断。鉴于该员工当前一个人居住,于是决定联系家属。在沟通的过程中,公司、家人、中智 EAP 三方一起商定以下方案来帮助以及保护该员工。

　　一是由家人带该员工前往就医。

　　二是在就医服药的同时,中智 EAP 持续为该员工提供咨询;同时家人也来进行咨询,了解如何科学理解和陪伴该员工。

　　三是在该员工返岗前,管理者通过咨询学习如何对该员工的情况保持关注,以及如何管理该员工。

最终该员工就医被诊断为双相情感障碍,医院建议住院两周。两周后该员工出院,中智 EAP 给该员工安排了当地的咨询师,和该员工约定规律的咨询。管理者也再次通过咨询,解决了未来如何与员工相处、如何通知团队其他成员、如何传递绩效等困惑。

像这样,通过咨询即时介入潜在风险,帮助管理者和企业解决问题,正是 EAP 的责任所在,也是 EAP 的担当所在。

二、EAP,筑牢国家心理健康防线"新堤坝"

心理健康是影响社会发展的重大公共卫生问题和社会问题,也是推进健康中国建设的重要一环。促进国民心理健康水平是社会稳步迈向新的发展阶段、促进社会和谐繁荣的重中之重。当前,我国正处于快速转型时期,经济、科技飞速发展,但人民群众的身心健康保障尚未跟上飞速发展的脚步。同时生活节奏的加快、竞争压力的加剧,个体焦虑、抑郁等消极情绪和心理状态的出现,个体的心理问题日益凸显,并受到诸多关注。加强心理健康服务,是维护和增进我国人民群众身心健康的重要内容,是社会主义核心价值观内化于心、外化于行的重要途径,是全面推进依法治国、促进社会和谐稳定的必然要求。

企业是社会繁荣的参与者和贡献者,企业员工的心理健康水平也是影响社会全面和谐发展的重要因素。当员工健康幸福,并能为企业成长贡献价值时,也是在为社会服务,最终能够回馈社会,促进社会经济繁荣和财富增长。

EAP,作为一种 B2B2C 的商业模式(企业出资购买 EAP 服务,所在企业的员工和直系家属免费使用 EAP 服务,包括但不限于身心健康咨询服务、身心健康测评、培训和科普等),对于企业来讲,可以促进员工成长,提升企业效益,促进企业团结,减少风险事件,助力企业打造一流的风险防控能力、一流的人才队伍和一流的文化软实力。对于社会来讲,EAP 的重点在于"防大于治",可以降低严重心理疾病的发生率,降低社会不良事件的发生,减轻心理疾病给国家带来的经济负担,促进健康中国和谐社会建设和保障社会和谐安定,推动国家心理健康事业的发展。

作为"EAP 国家队"，中智 EAP 肩负着成为"中国职场心理健康推行者"的社会责任，积极响应政府推行《健康中国行动（2019—2030 年）》，并且可以通过以下几个方面达成目标。

第一，提升员工心理健康的认知水平和素养。EAP 提供持续的心理知识科普，线上、线下对心理健康的宣传，大大提升了员工对情绪、压力和心理疾病的认识，消除员工对心理问题/疾病和心理咨询的认知偏差；

第二，教授员工行之有效的调节方法，在短期内对不可避免的负面情绪和压力进行调整，从而避免进一步衍化为心理疾病；

第三，员工和家属在有需要的时候可获得及时、免费的心理咨询服务和危机干预服务，大大减轻心理需求者的经济负担和国家医疗负担；

第四，EAP 服务商不断提升服务质量的过程也是遴选、培养更多有胜任力的从业人员、规范心理咨询行业的过程。

中智 EAP 深知预防员工心理风险、提高员工心理健康意识的根本在于创造良好的企业环境。在健康、平等、关爱的企业环境下，员工的心理风险将会被降到最低。所以，中智 EAP 一直致力于向企业、社会倡导心理健康。中智 EAP 基于 20 余年数据沉淀，以各行业心理健康常模，提供行业洞见。同时积极关注特殊群体，如海员、即时配送人员等，推出专有的心理健康指南，推动行业生态的健康可持续发展，营造更加良好的就业环境。

三、重大突发公共事件中 EAP 的责任担当

重大突发公共事件不仅威胁公众的身体健康和生命安全，也会影响人们的心理健康。因此，面对重大突发公共卫生事件，加强群众心理疏导工作，做好心理健康服务，强信心、暖人心、聚民心，筑牢心理健康防线显得尤为重要。

在中智 EAP 看来，EAP 作为带有社会责任属性的商业服务，在重大突发公共事件中履行社会责任责无旁贷，这也是作为一家央企 EAP 服务商的担当。

中智 EAP 在重大突发公共事件中，贡献良多，列举如下。

案例 1　2008 年汶川地震，当时 EAP 开始承担其社会责任，中智 EAP 也参与其中。中智 EAP 发现医药公司很多员工的配偶是医生，医生配偶去汶川支援灾工作，作为家属的这些员工就非常担心，也会很紧张。所以，除了派员工参加上海心理服务志愿队到汶川去现场支援救助外，中智 EAP 也对中智所有的企业雇员开通了公益热线，这也是中智 EAP 公益援助的开端。

案例 2　2020 年受全球公共卫生事件的影响，中智 EAP 第一时间启动了公益热线。其后三年，中智 EAP 通过"静静"智能 EAP 机器人、公益热线、心理公益包（电子期刊、海报、微课、心理测试、短视频等），积极为企业员工及社会提供专业的心理疏导与支持。

案例 3　2021 年 7 月，受强台风"烟花"影响，河南中北部出现大暴雨。这种可怕的自然灾害不仅给大众带来了生理创伤，同时也影响到了心理健康。中智 EAP 立刻发布暴雨洪灾后心理疏导指南，并为郑州的企业开通了公益热线，让员工及其家属能获得专业的心理支持。

案例 4　2021 年 7 月，"某企业员工性骚扰事件"在网络上引起热烈讨论，也引发了众多企业对职场性骚扰这一事件的关注。中智 EAP 立即发布《企业反性骚扰工具包》并开展了直播，在为企业管理者带来如何处理职场发生的性骚扰事件的应对指南之外，也与近千名管理者共同探讨如何管理、面对、预防这类事件。

案例 5　2022 年 2 月，北京第二十四届冬季奥林匹克运动会开幕，中智 EAP 也用另一种方式支持着冬奥会——为封闭在冬奥村中某餐饮企业的工作人员提供心理支持。从冬奥会准备阶段直到收尾阶段，中智 EAP 提供了即时心理咨询、管理咨询、直播培训、图文心理自助工具等多种心理服务，帮助员工克服各项困难，顺利应对冬奥项目中的挑战。

案例 6　2022 年 3 月，东航客机坠毁事件牵动了无数人的心。中智 EAP 团队又紧急出动，接连开展两门公开课《心情加油包，提升新能量》《特殊事件下的员工心理管理》，并发布了心理指南，帮助管理者和员工共同应对这段艰难时刻。

案例 7　2022 年 9 月，四川省甘孜州泸定县发生 6.8 级地震，中智

EAP 为四川地区受影响的客户开展员工关怀服务，给予受地震影响的员工心理支持并科普地震防护知识。

案例 8　2023 年 7 月，"歌手李玟因抑郁症去世的消息"引发了社会各界的广泛关注，也让"抑郁症"再次成为舆论的焦点。中智 EAP 团队迅速响应，发布了《微笑抑郁症科普》《抑郁症员工的管理与关爱》知识宣教，同时邀请了精神科医生、企业 HR 管理者、心理咨询师开展 EAP 直播课，提高公众对抑郁症的认知，推动全民精神健康。

在未来，中智 EAP 在诸多公共事件面前将会继续担当时代重任，传递央企正能量，主动作为，深入贯彻党的二十大精神，推进社会心理服务体系建设，充分发挥榜样引领作用，为企业员工心理健康保驾护航，为健康中国建设鼎力相助。

第 二 辑

深度访谈篇

中国 EAP 的发展和壮大,是众多心理学专家学者、EAP 行业从业者、企业等共同努力推动的结果。因此,回顾中国 EAP 的 20 年历程,行业参与者们和见证者们都感慨万千,从不同的角度和层面发表了他们的感悟与思考。

　　本辑内容以中国 EAP 20 年发展为大背景,深入访谈心理学专家学者、企业内部的 EAP 专家、政策推动者、EAP 项目经理、EAP 个案中心管理者、企业危机干预顾问、EAP 咨询师、EAP 内部培训师等多种层次的职业角色,希望以此为更多企业带来关于"员工关怀"的启示、经验与做法。

中国 EAP 专家学者的努力和期望

受访者简介

赵然,医学博士,心理学博士,中央财经大学企业与社会心理应用研究所所长、教授,研究生导师。

赵然深耕于组织行为学、EAP、健康心理学、心理教练技术、焦点解决短程咨询、教练实践与研究等领域,发表学术论文 70 余篇,出版著作 20部,译著 5 部。她在咨询与督导领域、危机干预领域、心理学企业应用服务领域等也都颇有建树,原任国际 EAP 协会中国分会主席,现兼任国际 EAP 协会中国分会名誉主席、中国社会心理学会员工与组织社会心理援助(EOA)专委会副主任委员等职位,是中国 EAP 走向国际舞台与国际EAP 接轨的推动者和主导者,并为中国 EAP 的人才发展做出积极贡献,是推动中国 EAP 发展极其重要的有引领和推动作用的知名专家学者。

一、背景故事

2002 年的一场全国大型心理论坛上,还在北京师范大学读心理学研究生的赵然第一次接触到 EAP。那时 EAP 还是一个新鲜事物,但 EAP的理念和商业模式吸引着赵然投身于行业之中。随着对 EAP 的深入了解,赵然认识了一批在 EAP 事业中耕耘的前辈,如张道龙、朱晓平、张建新等。

赵然认为,朱晓平是中国 EAP 历史上不可或缺的一个重要人物。他在澳大利亚读博士期间,与在此访学的北京师范大学郑日昌老师接触,经过与郑日昌老师的讨论,认识到心理应用服务的需求,由此开始接触当时澳大利亚 EAP 服务商 IPS,从而进入到 EAP 行业。后来,朱晓平受公司之托，回国成立了 EAP 分支机构，将国外的 EAP 经验带到了国内，和潘军共同成立了德慧，开拓中国的 EAP 市场。

新事物的出现往往会面临巨大的挑战，赵然则见证了中国 EAP 逐步克服重重阻力、蓬勃向上发展的过程。同时，赵然也凭借着专业知识和对 EAP 的独到见解，为中国 EAP 的发展贡献出了自己的力量。

二、将焦点技术引入 EAP

2003 年，赵然开始学习与实践焦点技术。相比于传统的精神分析治疗，她觉得这种治疗方式更加适合在 EAP 中开展。

EAP 咨询的客户大多是社会功能良好企业员工，他们前来咨询往往希望用一种快速的咨询方式帮助其应对当下的困扰。如果这时使用长程咨询，不仅不能迅速解决问题，也会因为咨询量加大，让企业有很大的成本负担。而焦点技术就是一种以来访者的目标为中心、围绕工作场所和企业的需求、从资源入手解决问题的治疗方式。正因如此，赵然认为短程咨询更适合 EAP。

2005 年，赵然将焦点技术引入到了中国大陆 EAP 咨询与督导领域，她希望能从理念上让大家知道 EAP 咨询与社会咨询不一样，并从技术和方法角度让咨询师了解短期治疗。2014 年至 2022 年间，她培养出了几千名焦点技术咨询师和教练，撰写的《员工帮助计划咨询师手册》发行了 2 万余册，并翻译出版了《焦点解决短程治疗：100 个关键技术》一书。

三、成立国际 EAP 协会中国分会

赵然为中国 EAP 发展做出的另一巨大贡献就是推动中国 EAP 接轨国际，成立国际 EAP 协会中国分会。

国际 EAP 协会成立于 1971 年，经过几十年发展，已在 40 多个国家设立了近百个分会，是国际 EAP 界的权威组织。

数年来，国际 EAP 协会首席执行官约翰·梅纳德一直关注并探索与中国的合作，多次来中国考察，希望在中国成立国际 EAP 协会中国分会。但他对成立分会非常谨慎，希望能够由一个注重 EAP 工作伦理、具备推

动 EAP 发展能力和有充分号召力的机构作为落地机构。

2010 年前后,梅纳德委托国际 EAP 协会中国联络人池铮铮在中国找一些专家成立国际 EAP 协会中国分会,他希望这些专家在伦理上是有诚信的,同时也是专业的。于是,池铮铮找到了赵然共同商讨成立分会的事情。

赵然对此很感兴趣,同时也感到责任重大。她认为,在中国成立这样一个机构非常重要。EAP 本来就是舶来品,成立中国分会则意味着中国的 EAP 发展也能与国际接轨,这对中国 EAP 行业的发展意义重大。而接下来的核心问题就是为国际 EAP 协会中国分会选择一个合适的落脚点,这个地方既需要有一定科研背景,又要具备服务社会和政策咨询的功能。

经过多方考虑,赵然将目光投向了中国科学院心理研究所。中国科学院心理研究所作为中国心理学领域的"国家队",有着丰富的学术资源和良好的行业信誉。赵然决定找中国科学院心理研究所的员工组织发展中心的负责人王咏和中国科学院心理研究所副所长张建新聊一聊。几番沟通下来,大家都认为成立国际 EAP 协会中国分会对中国 EAP 行业的发展乃至整个心理行业的发展都具有积极的推动力量。他们相信,国际 EAP 协会中国分会的成立能让更多在中国的心理行业从业者了解 EAP 的服务模式和专业知识,加强与国际 EAP 的交流,加速中国 EAP 的发展。

国际 EAP 协会中国分会的落脚点选定好了,但申请成立分会需要至少 6 名专家,赵然便到高校和科研院所寻找愿意共同投身于 EAP 事业的专家。最终,赵然与中国科学院心理研究所王咏和张建新、北京师范大学张西超、北京大学方新和陕西师范大学宋国萍,申请成立国际 EAP 协会中国分会。2012 年 11 月,中国科学院心理研究所负责 EAP 中心工作的史占彪教授与呼叫中心负责人高伟老师,一起赴美国参加国际 EAP 协会国际年会。在年会上,史占彪与约翰·梅纳德进一步沟通国际 EAP 协会中国分会成立事宜,并约定邀请约翰·梅纳德到中国共襄盛举。

经过这一系列的推动和落实,国际 EAP 协会中国分会于 2013 年春天正式成立。

四、凝聚中国 EAP，推动行业发展

国际 EAP 协会中国分会成立后，为行业所做出的努力有效推动了 EAP 行业服务的实践和专业人员标准的建立，促进了中国 EAP 行业的发展，提升了 EAP 行业服务的质量。

(一) 培养行业人才

国际 EAP 协会中国分会成员定期会前往国外参加国际 EAP 协会举办的各类会议。在国际 EAP 协会的影响下，中国分会启动了目前特别具有影响力的国际认证 EAP 专员培训。由此，赵然、史占彪、曾海波、高伟、檀培芳等与约翰·梅纳德和国际知名的 EAP 培训专家布兰达·布莱尔在参加 EAP 国际会议期间，分别在凤凰城和奥兰多研讨培训方案、内容以及中国特色本土化案例，仅课程研讨笔记就有几万字，最终形成既有国际 EAP 培训核心内容又有中国特色的国际认证 EAP 专员培训方案。最开始，培训是由国外专家进行的。但国际 EAP 协会中国分会成员认为，中国需要具有针对中国国情的培训，便形成了以赵然、史占彪、高伟、檀培芳等为主的导师团队。如今，这项培训已由中国专家全面负责，这也是由国际 EAP 协会 EA 认证委员会与国际 EAP 协会中国分会共同创办并管理，代表国际先进 EAP 服务规范与标准的唯一官方培训。自 2013 年 6 月起，连续举办了 16 期国际认证 EAP 专员认证培训，如今已有近千名学员获得认证资格。他们是中国 EAP 行业中具有国际高资质水准的 EAP 从业人员，对中国 EAP 行业向国际化、专业化、市场化与标准化方向发展有很大的推动作用。

(二) 搭建平台，促进行业交流

对 EAP 的从业人员和 EAP 服务商来说，国际 EAP 协会中国分会给了他们归属感，让他们可以从官方的角度组织活动，让 EAP 被企业看见。

同时，国际 EAP 协会中国分会每年都会举办峰会，将 EAP 服务商和企业聚集到一起沟通交流。企业可以在峰会上表达自己的需求，EAP 服

务商也可以向企业展示自己的服务、经典案例和产品。这种将服务商和企业聚集在一起的交流方式能有效促进双方的合作。

除此之外,国际 EAP 协会中国分会也能进入到企业中培训内部 EAP 专员,这样的培训能有效提升企业 EAP 服务的质量和对 EAP 的理解。

(三) 提供公益服务,促进社会进步

在公共卫生、自然灾害、空难等这类突发事件中,国际 EAP 协会中国分会都会第一时间站出来,组织行业内的专业人员和 EAP 服务商来提供公益服务。此外,国际 EAP 协会中国分会每年也会在学术年会上邀请国际、国内专家来讲授专业的心理内容,让从业人员在第一时间通过便捷的方式了解 EAP 行业的最新进展。

五、领方向增动力,继续发挥国际 EAP 协会中国分会推动作用

EAP 是企业为员工及其家属提供的有益于身心健康和高效工作的服务方案,目标是员工更幸福,企业更高效。从这个角度看,EAP 也是中国社会心理服务体系的探索者和推动者。

因此,为了更好地团结各方面力量,获得心理学行业的支持和认可,2021 年在中央财经大学社会与心理学院和张建新的支持下,由赵然作为申请发起人向中国社会心理学会提交申请,成立员工与组织社会心理援助服务(Employee and Organization Assistance,以下简称"EOA")专委会。中国社会心理学会常委理事会审议全票通过,这也是专委会申请中少有的、常务理事全票通过成立分会的情况,意味着 EAP 得到了社会心理学专家们的一致认可与支持。其工作定位包括学术研究、实践应用和人才培养三个方面,主要工作重点有三项。

一是建立员工与组织社会心理援助的学术研究和交流平台,开展员工与组织社会心理援助领域的国际学术交流与合作。

二是促进跨系统、跨学科、多视野的学界合作研究,实现产学研的有机结合;研究与探索中国社会心理背景下,健康组织、健康环境与健康员工的特色、模式与实践;将研究成果服务于员工与组织社会心理援助的促

进，如心理咨询、团体辅导、专业团队建设、危机管理与干预等。

三是举办员工与组织社会心理援助领域专业人员的培训与督导工作，促进专业人员的专业能力及职业素养的提高。

EOA 专委会成立以来，通过组织全国学术会议和行业峰会，吸纳了一大批高校与科研院所的教授专家以及年轻的本科生和研究生参与其中，给中国 EAP 的发展吹来一缕生机勃勃的清风。

结语

多年来，赵然在推动国际 EAP 协会中国分会成立、引入 EAP 咨询技术、培养人才等多个方面，不遗余力地为中国 EAP 行业的发展贡献着自己的力量。当问到她对未来中国 EAP 有什么样的期许时，她如是说：

其一，我一直认为 EAP 是社会心理服务体系建设中不可或缺的一部分。 相比其他服务，EAP 的历史更长，经验更多，服务模式、运营模式更成熟，而且有一大批成熟的专业人员。所以，EAP 除了发挥它本来的价值外，还可以成为中国社会心理服务当中值得借鉴的部分。

其二，要持续去探索 EAP 与中国文化的深度结合，形成独特的、先进的本土 EAP 服务模式。 因为中国的文化与国际上其他国家不同，中国企业的性质、特点也不太一样，这就需要探索研究出具有中国特色的、先进的 EAP 服务模式和产品。

其三，不断深化 EAP 双重客户的概念。 当我们服务当中没有更深化理解"双重客户"概念时，往往会或忽略服务个体，或忽略服务企业。EAP 从一开始就是双重客户的概念，通过服务企业中的每一个个体，解决企业特定的需求，最终让企业受益。

其四，希望未来有一大批真正优秀、高素质的 EAP 专业人员成长起来。 如果有这样一批人员成长起来，对中国健康、中国建设、社会心理服务等来说，都会起到非常好的示范和带动作用。从这个角度讲，不管是社会上的培训，还是高校、科研院所的学历学位教育,都应该去加强 EAP 相关的科学研究、教材建设等。

其五,EAP 和科技发展做更多的结合。当大家使用的工具都越来越电子化,EAP 也应该在这样的方向上有所突破,让 EAP 事业插上科技的翅膀。

最后,希望大家支持和爱护 EAP 事业,支持 EAP 专业人员,让这个行业有更好的发展空间,能够吸引到更优秀的人才。

这是一个行业专家、学者对行业的期待,也是赵然始终身体力行坚持做着的事情。愿 EAP 行业如她所期望和努力的那样,如日方升,蒸蒸日上。

用一个概念点亮 EAP 的中国之路

受访者简介

时勘,心理学博导,教授,主要从事人力资源与组织行为学、风险决策与文化心理学、社会心理学与健康型组织研究,并先后承担了国家自然科学基金、科技部和教育部等国家级研究项目 40 多项,已发表学术论文 470余篇,并获得多项国家科技进步奖,在 2019 年被中国心理学会授予最高奖"学科建设成就奖"。时勘提出的和谐社会中健康型组织建设的理论和管理对策得到了社会的广泛关注,同时为 EAP 在中国的实施提出了较为系统的理论依据和具体路径,他是 EAP 在中国推广与实践过程中重要的引领者和推动者。

一、背景故事

2003 年,由德慧发起并承办的首届中国 EAP 年会在上海举办,这是中国 EAP 行业一个开创性的会议。年会邀请了时勘等诸多国内外的EAP 专家,全面介绍了全球 EAP 发展历史及现状,引进国际 EAP 成熟的实践经验,为中国 EAP 输送最前沿的行业信息。年会结合国内人力资源管理热点课题,从心理和行为分析的角度为这些课题提供了新的解决方案。

2004 年,德慧筹备举办第二届中国 EAP 年会时,EAP 在中国已经探索与实践了几年,但因为社会观念、认知等问题,发展仍然相当缓慢。如何更好地推广 EAP 理念,让 EAP 更加本地化以及在中国特色的环境下产生更大的影响力,是一个亟待探讨的问题。

于是潘军找到了时勘,请他为这一届 EAP 年会出谋划策,并将已经拟写的"心的力量,新的成长"的会议主题展示给时勘。时勘指出该主题很好,但究竟怎样才能体现出"心的力量,新的成长",建议增加一个核心概念——健康型组织。因为在企业里,如果只讲经济发展、绩效增长,那么企业不会有长久的生命力。但如果能够把企业建设成一个健康型的组织,那企业就可以全面、健康、持续发展。潘军听了时勘的建议后,非常赞同,于是第二届中国 EAP 年会的主题就定为"心的力量,新的成长——建设健康型组织论坛"。

由此开始,中国 EAP 的推进和发展中就多了一个核心概念——健康型组织建设。

二、基于学术渊源,为中国 EAP 的实施贡献智慧

时勘与 EAP 的学术渊源可以追溯到他 15 岁那年。

时勘出生在一个知识分子家庭里,但由于"家庭出身不好",他没有考上高中,15 岁就进入石油单位工作。这也让时勘与很多学者不同,很小就有了工厂、企业的工作经验。恢复高考后,时勘这个初中文化的工人,在 1978 年以当地文科第一名的成绩考入西南大学。1984 年,他考入北京师范大学心理学系攻读硕士研究生,从此开始了在心理学领域数十年的探索和研究。在冯忠良教授的指导下,他选择在自动化程度较高的手表生产线进行培训规律的探究,这是他将心理学与企业相关联研究的起点。1987 年 2 月,他成为中国科学院心理研究所第一位博士研究生,继续进行心理技能培训的课题研究,于 1990 年 4 月完成了学位论文《自动机床操作工心理技能培训的心理模拟教学研究》,获心理学博士学位,成为中国科学院培养的第一位心理学博士。

就学期间,黄希庭、冯忠良、潘菽、徐联仓四位老师对时勘在心理学的研究上影响颇深,指引他重视把企业发展与心理学研究相结合,并为他开创性构建中国特色的心理学理论体系指明了方向。学成之后,为了促进国内心理学发展,使其更好与国际接轨,时勘走出国门,学习国外先进经验,为开创具有中国特色的心理学而继续努力。

在人力资源与组织行为领域,时勘的研究成果从最初的手表行业自

动机床操作工专家经验,到智能模拟培训法,再到特殊领域人才的胜任特征建模,形成了各行业通用的选拔与培训模式、安全心智培训模式,并覆盖了人力资源研究的各个领域。三十多年间,时勘在人力资源与组织行为领域的研究中,承担了多项自然科学基金项目,取得了令人瞩目的成就。这些项目包括“企业员工再培训管理方式的实证研究”“企业人力资源开发的理论基础及管理对策”以及变革型领导的测量结构与机制、创新与裁员研究、离职影响因素、工作投入、领导——成员交换理论、非常规突发事件下的抗逆力模型研究等,并多次获得国家级科学技术进步奖。

时勘一直以来都致力于将心理学应用到企业中,并且不断持续研究、推进、扩展新的课题。2004 年潘军找到时勘时,他们一个人缺少能将 EAP 向更大范围内实施和推广的概念,一个人又在这个领域内具有多年深厚的研究成果,于是两人一拍即合。一个“健康型组织建设”的概念便在 EAP 领域中应运而生,推动了 EAP 在中国更加深远地发展。

三、EAP 与健康型组织建设

2004 年 8 月 16 日,德慧举办了以“心的力量,新的成长——建设健康型组织论坛暨第二届中国 EAP 年会”。在年会上探讨了如何建立适合中国需求的 EAP 模式等问题,并做出了一个决议,即把健康型组织引入到EAP 纲领。EAP 作为一个舶来品,在中国实施的过程中,因为“水土不服”遇到了很多阻碍,亟待去做更适应中国企业发展需求的本地化改良。同时,在传播和宣传认识的过程中,也需要以更为符合中国实际的概念为抓手,健康型组织这样一个概念的提出,正逢其时。

时勘将健康型组织归纳总结为 6 个字,即健康、胜任、创新。而关于构建健康型组织对于企业的价值,时勘援引世界卫生组织(WHO)1948年在其成立宪章中关于“健康”的概念——健康是一种在躯体上、心理上和社会上的完美状态,而不仅仅是没有疾病和虚弱的状态。他认为,健康是躯体、心理和社会功能三个方面的统一体,心理健康是整体健康不可分割的部分,包括了积极的心理健康状态,有效的生活应激和恢复,卓越的工作成效，宽松、创新的组织文化，并能对社会作出贡献。所以，只有把企业建设成一个健康型组织，让心理健康成为整个企业发展不可分割的一部分，企业才有前景。此后，为了推进健康型组织及 EAP 的发展和实践，时勘及其课题组、专家、学者做了大量工作，使得健康型组织的概念、评价工具日趋完善，并形成了独具中国特色的健康型组织建设的途径和方法。

（一）系统阐述"健康型组织"概念

2005 年，时勘等专家在《重庆大学学报》上发表了《和谐社会的健康型组织建设》一文，系统阐述了健康型组织建设的概念。2007 年，时勘又与郑蕊合作撰文，更为系统全面地阐述了健康型组织建设的发展历程、核心理论问题以及未来的研究方向，这是国内学术界首次对健康型组织建设进行系统分析和评价的文章。

在 2004 年首次举办健康型组织论坛后，全国各地陆续举办了多期健康型组织论坛，在不同层面继续推动健康型组织发展。如第二届论坛中，将健康型组织九维度作为评价核心，开展了全国健康型组织评选活动；第四届论坛上，以"我国新常态下的健康型组织建设"为主题，探讨了健康型组织建设的身、心、灵三大主题等。截至 2020 年，已召开了九届全国健康型组织建设论坛。正是在这些论坛的带动下，社会心理服务体系的建设研究逐渐走向成熟。

在不断举办论坛研讨的同时，时勘对于加强健康型组织又探索创立了新的工作模式，如在包括北京、广东在内的全国 25 个地区，建立了一些健康型组织挂牌的示范基地，开展了各种推广普及活动，推动社会心理服务体系的实践。

（二）构建员工心理援助体系，培养大量人才

2010 年的 1 月，深圳富士康发生多起员工跳楼事件，国家劳动部和中央宣传部邀请时勘为组长，与来自北京师范大学、北京大学、清华大学以及台湾地区的专家共同对该问题进行调查。这应该是国内引入 EAP 后出现的最大一起与 EAP 领域相关的事件，在一定程度上体现出

国内企业 EAP 的欠缺。时勘认为，"富士康员工跳楼事件"是我国改革开放三十多年来遇到的新问题，也是社会经济转型时期易出现的现象。当务之急是及时筛选出心理危机易感人群，并对其进行特别干预。为避免自杀现象继续蔓延，企业应建立起"预防—干预—成长"的员工长效帮助机制。

基于此，2010 年 4 月 28 日时勘课题组向中央领导提交了"中国科学院专家关于应对该类事件的建议"。根据该建议，国家劳动和社会保障部决定在国内设置"员工援助师"，并于 2010 年 12 月 13 日由中国就业技术培训中心项目办公室批准成立"员工援助师课程发展中心"，挂靠于中国科学研究生院社会与组织行为研究中心，开展员工援助师新职业资格标准的建设工作。2011 年 7 月，首届国家高级员工援助师暨师资研修班成功举办，来自全国 10 多个省市的专业人员接受了职业资格培训。到目前为止，研修班已经培养了数万名国家高级员工援助师，这也意味着从 2004 年提出健康型组织建设至 2012 年的 8 年时间里，在时勘的带领下，中国已经完成了员工心理援助体系，并向全国普及了健康型组织建设的概念。

（三）成立健康型组织研究院

为了巩固健康型组织建设的成果，也为在国内拓展 EAP 提供示范基地的支持，中国科学院心理研究所和深圳市委组织部联合组建了"健康型组织研究院"，这是国内首家健康型组织研究院，也是健康型组织的工作与政府部门工作相结合的示范。

（四）解决成效科学评价问题

员工援助计划实施中，需要解决"如何对援助的成效进行科学评价"的问题。时勘课题组认为，HERO（Healthy and Resilient Organizations）模型可以作为评价组织健康的参考依据。在此基础上，他又提出了健康型组织评价的九因素结构模型，并通过实证研究证实了该模型具有较好的信效度。

（五）出版相关领域专业书籍

2011年，首届国家高级员工援助师暨师资研修班成功举办，并正式出版了《国家职业技能鉴定教程·员工援助师》。该教程是由时勘作为主编，潘军、史厚今、樊富珉、张西超、王泳等人作为编委共同编制完成的。

从某种程度上来讲，当EAP进入中国，以德慧为代表的EAP服务商进行了商业层面的传播和推广，而时勘则在健康型组织的概念和框架下，在社会心理服务体系的更高层面上对EAP概念进行了更广泛意义上的传播和落地。

四、更广义的"EAP"——成为为人民谋福祉的工具

当健康型组织的概念、体系建设基本完成后，也有了教材、员工援助师，如何进一步与时俱进发展完善EAP以及构建健康型组织体系，时勘认为，不能停滞不前，要继续前进。这之后，他带来一个重大突破，他领衔的项目《中华民族伟大复兴的社会心理促进机制研究》于2013年11月22日获批国家社会科学重大项目，这是心理学学界获得的第一批社科基金重大项目。

时勘说，100年前孙中山先生有过一个中国梦，要在中国修建16万公里的铁路，160万公里的公路，开凿并整修全国水道运河，建设三个世界级大港，发展内河交通和水利，这个最早的中国梦早已实现。一个更伟大的、托举起中华民族伟大复兴的中国梦，正在勇毅前行、努力实现。而这个过程中，国民的心理健康发展尚未能跟上经济高速发展的速度，这就迫切需要心理学为中华民族的伟大复兴作出有价值的贡献。

这也是《中华民族伟大复兴的社会心理促进机制研究》项目的意义所在，而项目最终所要达成的目标，是建设健康型社会。这是在"健康型组织"基础上发展起来的概念，也是把EAP实用的部分提升到理论层面，让EAP更进一步，成为具有更广泛价值的社会工具，把应用场景扩展到更大的范畴，让更多的人因此受益。

结语

如今，时勘仍不断地在健康型组织的课题中探索和研究。他认为，到今天，健康型组织的概念已达到了一个新的高度，这就是大胆改革创新的结果。而健康型组织的发展，必须有中国特色，要助力实现中华民族伟大复兴的中国梦，才能发挥其应有的价值。

站在甲方的角度解读中国 EAP

受访者简介

檀培芳,神经精神病学主任医师、教授、硕士生导师,中国企业文化促进会心理健康专业委员会主任,国际 EAP 协会中国分会常务理事,中国心理学会心理学普及工作委员会委员,中国心理学会员工促进工作委员会委员,国际 EAP 认证培训中方教员。

檀培芳从事医疗、教学与科研工作 35 年,这期间她走进企业、走向基层,足迹几乎踏遍海内外中国石油的众多生产一线。她是较早参加国际 EAP 咨询专家培训并获得认证的 EAP 专家,一直在企业内推动 EAP 项目,由此积累了丰厚的甲方工作经验,被 EAP 业界誉为"很懂企业的 EAP 专家"。除了在石油石化行业推行 EAP 外,她还先后为多个行业、部分国家部委、地(市)政法委、公检法系统提供内部心理健康促进专员培训 EAP 项目规划与设计等工作,是 EAP 行业不可多得的企业内部推动 EAP 的指导专家,也是中国 EAP 发展过程中不可或缺的实践者、推动者。

一、背景故事

2000 年左右,檀培芳参与了中国石油健康体检与医患检查分离健康体检中心的筹备,开始接手中国石油职工健康管理工作。她本身是精神病学专家,在门诊咨询中发现很多员工的心理问题并不是真的"心理疾病",而是由缺乏心理学知识造成的自我担忧。于是,她开始关注职场心理健康方面的问题,开启了职业健康管理研究与促进工作。

2003 年,突如其来的非典给人民的健康和生命安全造成了严重威胁。中国石油有很多单位设在非典重灾区,职工、领导都非常恐慌。时任中国石油中心医院市场处处长的檀培芳，参与了各种防疫物资的筹备和发放，但她发现，大家的恐慌不单纯在于物资，而是由非典引发的焦虑、恐慌等情绪问题。她就带着中国石油的保健专家、养生专家、呼吸科专家、传染病专家，到各地单位去普及非典知识，传播各种防护要点、自我调整、保持良好心态等常识，帮助大家增强心理免疫力，抗击非典。

有了这次突发事件的应对经验后，檀培芳开始不断走到中国石油的一线，去跟员工、管理者做访谈，去现场答疑。为了让员工对心理测评的接受度更高，中国石油中心医院开创了"身心能"一体化的心理健康服务，在做健康体检、体能测试的同时加入了心理测评，形成了三位一体的健康管理模式。

深入一线工作后，檀培芳越发感觉到之前自己关于"员工的心理问题不是真正有心理疾病，而是缺乏心理学知识"的论断是正确的。同时，她也发现员工们对于答疑的需求也越来越多，越来越具体，如压力问题、情绪管理问题、婚姻问题、亲子教育问题、职场中的沟通问题、人际关系问题等，都会涉及。

她逐渐意识到，如果员工的咨询需求这么大，那么仅仅依靠个人的力量是远远不够的，而且有些问题已经超出了她的知识和精力范围。这种情况是否已经有某种系统的解决方案呢？她就去网上搜索，果然查到了 EAP 这个西方已经做多年、体系化的概念，她非常兴奋。

2007 年，国际 EAP 协会 EA 认证委员会与中国国际人才交流中心联合推出了国际 EAP 专员认证培训，檀培芳迫不及待地报名参加了培训，并成为中国第一批获得国际 EAP 认证的人员之一。她从此与 EAP 结缘，开启了十几年如一日的 EAP 推广工作。

二、EAP，其实很中国

檀培芳对 EAP 有一个非常通俗的定义：员工在工作时间本应全情投入，但由于会遇到方方面面的干扰，就难以做到全身心投入。帮助员工解决这些干扰而做的所有事情，都可以理解为广义的 EAP。

她认为，真正的 EAP 是从具体的事情切入，如家里孩子要考试了，怎么去调整孩子的心态？孩子转学了，怎么帮其做好心理准备？夫妻关系怎么调节？亲子关系怎么处理？职场中的人际沟通怎么解决等。通过心理学、政治学、经济学、金融学、社会学、组织行为学等学科的综合应用，帮助员工健康生活、快乐工作，从而提升员工工作效率，提升企业效能，最终实现企业可持续发展。

在檀培芳看来，EAP虽说是公认的舶来品，但其实"中国很早就有EAP了"。

中国古代社会，商业形式上是以家庭小作坊为主，有着很浓厚的师徒传统文化。在师徒文化中，一个有趣的现象是：师父一般很严肃，徒弟一出问题师父就特别生气，经常会踹两脚或打两耳光。当徒弟很难受的时候，就会有一个人——师娘出现在面前。师娘往往会慈爱温暖，循循善诱，去开导徒弟，师娘其实就在发挥EAP的作用。

现代社会里，如三大纪律、八项注意，其实就是部队里的EAP。再如，20世纪七八十年代央企深入基层时，谈心和家访等面对面谈心谈话的形式也是EAP。

檀培芳认为，虽然中国很早就有"EAP"，但因为缺少归纳、总结、理论研究的依据和支撑，就不可能形成科学的体系。西方人则将此总结、归纳，进行了理论化、体系化、流程化，甚至变成一门学科，形成了EAP这样的概念。

但西方这个系统化的EAP概念，在中国却不那么容易被接受，很难推广和普及，檀培芳认为原因主要有以下两个方面。

原因1 存在信息差

早期中国EAP从业者以及企业中有决策权的管理者，其实并不清楚真正的国外EAP在做什么、研究什么、是如何做的。而懂得EAP理论知识的人，又不太了解中国的企业状况，与国外EAP的模式及推广就形成了信息鸿沟。这是EAP在中国早期推广中的最大障碍。

原因2 中外文化差异性

关于这点，檀培芳至今还记得当年参与的一个EAP项目。2007年前后，中国石油某油田特意引入了一家规模很大的EAP服务商为油田沙漠里的员工提供 EAP 服务。当时的 EAP 服务商派了很多顾问专家深入沙漠给员工提供心理评估服务。但没想到的是，心理评估结束后管理层大为恼火，因为员工看到评估结果中显示自己存在着各种问题，纷纷申请调离沙漠。最终，该 EAP 项目被叫停。

檀培芳说，产生上述现象的原因是很多 EAP 的心理测评都是从外国直接翻译过来的，没有进行本土化改革，测评结果中的一些用词和描述都非常病理化，没有心理学背景知识的员工很难正确地理解测评结果所表达的真正含义。有些描述看起来像是说员工存在心理问题，就易导致员工产生误解，给企业管理者带来麻烦。而当评估结果中显示出很多"问题"，管理者会认为这呈现出了自己的管理问题，往往会抵触 EAP 项目的推行。这就是文化差异导致的结果，具体的 EAP 项目没有与中国文化、政治、企业状况相结合，就会遇到推行阻碍或者效果不佳的情况。

另外，EAP 翻译过来的意思是员工援助计划，这个翻译忽略了中国文化。在中国文化当中，员工与管理者、领导者不是一回事儿，当 EAP 被翻译为"员工援助计划"，导致管理者误认为 EAP 就是帮着员工跟领导对着干，他们往往会对 EAP 产生抵触心理。

三、为企业培训 EAP 内部专员

檀培芳看到，在国外，部分企业会通过签约外部 EAP 专家进入企业实施 EAP 项目，但中国企业则不同，一般是领导对 EAP 感兴趣，交给下属在企业内部开展 EAP 项目。但多年前，中国的用工体制，特别是央企采用的是编制方式，没有办法随意添加外部专家。所以实施 EAP 的部门，一般就是领了工作任务后，由于根本不了解 EAP，无从入手，不知道该如何实施。

同时，早期中国 EAP 服务商的服务模式都是照搬国外，没有让 EAP 融入中国的文化和企业现状中，也不太懂得与企业中的人员协调沟通，就使得很多 EAP 项目水土不服，难以实施。

看到这些问题，作为甲方企业中专业的 EAP 推广者和实施者，檀培芳意识到，在中国要想真正推广、普及 EAP，需要加强企业内部 EAP 人员的培养,让企业内部有了解 EAP 且具备专业知识的人员。

于是在 2015 年,檀培芳开设了 EAP 内部专员培训的课程,并拿到了课程版权。此后许多年来,檀培芳在她的课程中一直在为中国 EAP 培养企业内部的专业人才,同时她也通过这个方式,在各家企业推进 EAP 项目,并给予专业指导。

檀培芳总结说,她的培训中主要做的事情就是帮助学员讲解分析 EAP 核心理论、工作原理、底层逻辑,而上述这些就是"双重客户原则""职场人类行为专家"以及"了解人性"。她会针对不同的人群,设定不同的培训侧重点,如为管理层、决策层培训,底层逻辑就会讲得多一些;为员工层培训,具体方法就教得多一些。

檀培芳说,由于中国企业的类型很多,引入 EAP 的出发点不尽相同,对接部门又类型繁多。所以培训时,要根据不同的企业类型、背景,不同的对接部门,不同的语境和培训任务,专门量身定制设计培训内容。

她在培训企业内部 EAP 专员时,一直秉持 EAP 一个观点:企业内部 EAP 专员,不是自己因职业角色就会成为心理咨询专家,而是要有提出需求的能力,并具备准确甄别 EAP 服务商的特色和核心能力,以能找到最合适的 EAP 服务商,然后让专业的人去做专业的事,重点是提升自己的工作绩效。

檀培芳认为,为企业培训 EAP 内部专员既是一种 EAP 的推广渠道,最终也有利于 EAP 在企业内生根发芽。

四、如何让 EAP 更容易在企业内推广

作为甲方企业中的 EAP 推广者和实施者,檀培芳非常了解企业,也非常了解 EAP。在她看来,结合企业原有的活动去融合 EAP,会让 EAP 更容易进入企业,也更容易持续发展。

她说,每一个人和企业都较难被改变。如果贸然地专门去给企业做一个 EAP 项目,改变企业现状,去重新创造,大家就会觉得很难。但像"健步走""插花"等活动,企业一般都是有的,只需要与 EAP 概念进行融合,基于 EAP 的心理学理论,归类出相关的活动满足了员工的哪些心理需求,哪些活动要多做,哪类活动要少做,这个其实就是 EAP。这样做也

符合底层逻辑,因为人的本性不希望被改变,但让原来的工作变得更加优秀、更加有亮点,并总结归纳出更高层次的理论依据,负责该项工作的人就会有成就感,也更愿意去推进新的项目。

檀培芳把上述这样一个在企业内易于高效推行 EAP 的方式,叫做萃取和提炼,即企业总结自己已经做的东西,经过萃取和提炼,并在心理学范畴中找到理论依据或说明,帮助企业把他们所做的事情理论化、体系化,成为 EAP 的项目。

基于多年在企业内部推行 EAP 的经验,檀培芳从企业的角度提出以下五点推行 EAP 时的注意事项:

(一) 要真正了解需求

要做到对多方需求的理解和平衡,既要了解员工、管理者、企业三方的真实需求,同时也要明确 EAP 服务商自身的特色及优势,并且要能够在这些需求中找到平衡,才能真正做到员工满意、管理者满意、企业也满意。这对于企业以及 EAP 服务商来讲,是一个双赢的事情。

(二) 要了解企业的文化,并保持价值观一致

准确地说是乙方要认同甲方的价值观,不要评价其对错,更不要试图去改变它。在价值观认同的基础上,再通过企业官网、企业介绍等,去了解企业的愿景、使命等,对企业充分认知。檀培芳强调,不能仅站在 EAP 的专业角度去向企业推广 EAP,那样很难与企业进行融合。

(三) 要了解企业所处的发展阶段

要清晰地了解企业处于什么样的发展阶段,如初创、成熟、成长还是变革、面临被市场淘汰……只有了解清楚,才能知道企业到底需不需要引入 EAP,或者对 EAP 的需求是什么。

(四) 要了解企业的类型

如要了解清楚企业是劳动密集型还是科研型,因为搞科研的人思维与体力劳动者的思维不一样,面临的问题也自然不一样。

（五）双方都要了解彼此的行业特色和企业优势

对甲方企业来说,要知道 EAP 服务商的特点和擅长领域;作为 EAP 服务商,要了解甲方企业性质,如对方是私企、外企还是国企,还要了解该企业由哪个部门主管 EAP,如是党建、工会,还是 HR……同时还要弄清楚对接人的位置即话语权。

五、甲方企业喜欢什么样的 EAP 服务商

檀培芳作为甲方企业中的 EAP 专家,对甲方企业有更深入的理解。

她说,甲方企业有一个特别独特的思维,就是 No.1 思维,希望每一个 EAP 服务商都有自己的专长,且是这方面的 No.1,这样当企业遇到这个领域的问题时,就有 No.1 的 EAP 服务商提供 No.1 的服务。但一些 EAP 服务商很难做到这一点,提供的服务相对比较同质化,也没有可与企业结合的专长,无法帮助企业做出独特的 EAP 项目。

另一方面,她认为甲方企业都希望 EAP 服务商能够对甲方企业特别了解,其中除了要了解上述提到的企业需求、特点等,还要能够根据企业 EAP 项目的进展,不断推陈出新。如果一个企业 EAP 服务已经推广了三年,EAP 服务商提供的方案还是一成不变的话,就是在低水平上的重复,可能会被淘汰。

作为甲方企业,会如何看待和评价 EAP 服务商,檀培芳以中智 EAP 为例表达了自己的看法。

其一,中智 EAP 有央企的背景,这是它的重要特点。中智 EAP 所属公司关爱通,是具有央企背景、多元投资结构和现代企业治理架构的公司。中智 EAP 发展 20 年来,在数据安全、产品创新发展、专业经验积累方面有很大的优势。

其二,在央企的背景下,虽然中智 EAP 的管理层、员工在不断变化,它自身也在不断发展,但高层的理念与员工的理念能够做到相互贯通,大家能够保持理念一致。中智 EAP 始终坚持专业和温暖的服务理念,提供

的咨询服务、EAP 产品都很专业，在用专业的 EAP 服务温暖每一个客户、每一个员工。目前，在 EAP 行业里的很多企业，领导理念非常好，真正到执行时就变了，因为员工思维、知识面窄，理解不了高层的理念。但中智 EAP 却不同，在不断发展过程中，员工的思维、知识结构也在拓宽，能够理解高层的需求和理念，这也是中智 EAP 不断完善和有序发展不可或缺的。

其三，中智 EAP 服务的企业很多，并且黏合性也很高。行业中很多企业的 EAP 服务商，两三年就被换掉了，中智 EAP 能一直保持很高的黏合性，最长的合作达 18 年之久，这是很多 EAP 服务商难以做到的。

结语

檀培芳认为，现在越来越多的人知道了 EAP，也越来越认可 EAP，对 EAP 开始寄予很高的期望，这是非常可喜的成果，也是多方努力的结果，如政府逐渐重视政策引导，专家助力推广，EAP 服务商不断提供服务创新……

2018 年，檀培芳带领一批集团级企业参与起草了《企业心理健康促进体系》团体标准(C/CICIA 2018 01)，该标准于 2019 年 11 月由中国标准出版社正式出版发行。标准分为三个部分：

第 1 部分：要求。界定了企业心理健康促进体系的基本概念，规定了构建企业心理健康促进体系的通用要求、企业心理健康促进体系的组成及模型、企业心理健康促进体系参考结构图等。

第 2 部分：建设规范及评价通则。规定了企业心理健康促进体系的指导思想、基本原则、基本目标、功能要求、运营保障及其体系的建构和要求，规定了效果评价应遵循的评价原则、评价体系及评价方法。

第 3 部分：专员能力评价准则。给出了企业心理健康促进(员工心理援助)专员的评价原则、评价要素、评价结果等内容。

　　这是中国 EAP 的第一份国家级别的团体标准,在经历了 20 多年发展后,中国 EAP 终于有了这样一个标准体系,它对中国 EAP 来说是一个创世纪的成果。

　　而这,也是檀培芳为 EAP 所做的又一项浓墨重彩的贡献。

恰逢其时 EAP 正迸发着独特价值

受访者简介

闫洪丰，国家社会心理服务体系建设试点地区专家，《社会心理服务体系解析》主编，中国社会心理服务体系建设理论与实践融合发展的积极推动者。在党中央政策引领下，基于近些年各地区社会心理服务体系建设经验，经过在全国各地进行调查研究、调研评估，结合中国具体实际和中华优秀传统文化，提炼总结出了本土化的社会心理服务理论体系，围绕社会心理服务体系建设"是什么""怎样建设"和"建设成什么样"，构建了以"金字塔模型""同心圆模型"和"社会心理服务共同体"为支柱核心的理论体系，得到广泛认可和应用实践。闫洪丰不断推进 EAP 本土化、时代化发展，充分发挥 EAP 在社会心理服务体系建设中的作用，为推动 EAP 发展融入中国式现代化新征程规划了清晰蓝图。

一、背景故事

党的十八大以来，中国经济已经从高速增长阶段转向高质量发展阶段。以习近平同志为核心的党中央高瞻远瞩、纲举目张，将重视心理健康和精神卫生，加强社会心理服务体系建设，作为新时代实现健康中国、平安中国和幸福中国的一项重大举措。

闫洪丰见证并亲历了中国社会心理服务体系的建设过程，在其总结的发展里程重要节点如下。

2015 年，在第十八届五中全会审议通过的《中共中央关于制定国民经济和社会发展第十三个五年规划的建议》中首次提及"社会心理服务体系"概念。

2016 年,中央综治办印发《关于建立"社会心理服务体系建设"联系点的通知》,这标志着社会心理服务体系建设开始进入探索阶段。

2018 年,国家卫生健康委、中央政法委、中宣部等 10 部委联合印发了《全国社会心理服务体系建设试点工作方案》的通知,提出"到 2021 年底,试点地区逐步建立健全社会心理服务体系,将心理健康服务融入社会治理体系、精神文明建设,融入平安中国、健康中国建设",社会心理服务体系建设进入试点阶段。

2019 年,在十九届四中全会审议通过的《中共中央关于坚持和完善中国特色社会主义制度、推进国家治理体系和治理能力现代化若干重大问题的决定》中,社会心理服务体系建设成为处理人民内部矛盾的重要路径。

2020 年,在十九届五中全会审议通过的《中共中央关于制定国民经济和社会发展第十四个五年规划和二〇三五年远景目标的建议》中,心理服务成为高频关键词,其中"健全社会心理服务体系和危机干预机制"被列为"维护社会稳定和安全"的重要举措。

2022 年,"重视心理健康和精神卫生"写进了党的二十大报告,并且《党的二十大报告学习辅导百问》推出专文论述"为什么要重视心理健康和精神卫生?",全面介绍了国家开展心理健康和精神卫生工作的宏大意义和进展,鼓励探索覆盖全人群的社会心理服务模式和工作机制。

就这样,一步一步,中国社会心理服务体系建设的路径日渐清晰,成效愈加显著。国家对社会心理服务体系建设的重视和系列政策,为下一阶段 EAP 的发展指明了方向。闫洪丰本人就投身到了这场中国 EAP 发展的新浪潮,在社会心理服务体系建设实践的过程中成为在新时代助力EAP 深化落地的引领者之一。

二、EAP 对社会心理服务体系建设具有独特价值

EAP 在中国欣欣向荣,闫洪丰对此深感欣喜。他说这是一个非常积极的信号,意味着 EAP 在中国的发展日趋完善,也意味着社会面越来越认可 EAP 的价值。

（一）EAP 的社会价值

在他看来，经过 20 余年的实践探索，EAP 至少在四个方面对中国社会产生了非常重要的价值。

1. 员工个人层面

EAP 通过提供心理健康科普、心理测评、心理疏导、心理咨询以及培训等具体化的专业服务，帮助员工解决情绪困扰、职场困惑等问题，有效缓解员工的工作和生活压力，塑造积极健康、乐观向上的心态，促进员工身心协调发展，积累积极心理资本，提高心理素质和工作效率，帮助个人更好地实现自我价值。

2. 家庭层面

EAP 会为员工及其家属提供专业的咨询，帮助他们解决自身各种心理困扰问题和家庭矛盾冲突。这有利于减少员工因家庭心理困扰所带来的消极影响，营造和睦温馨的家庭氛围，稳定家庭"大后方"，让员工更安心全力投入工作。

3. 企业组织层面

EAP 不仅有助于改善员工及其家属的心理状态，提高工作绩效，还能为企业管理者赋能，提升管理水平，营造良好的企业氛围，构建健康有序的内部环境。同时，EAP 通过心理测评和风险筛查能直观反映员工心理状态，防范员工和企业的潜在危机，帮助企业降低人力成本，提高生产经营效率，也能培育企业员工的积极心理品质，优化企业人力资本结构，打造企业的未来竞争优势，实现企业整体的可持续快速健康发展。

4. 社会层面

调查研究显示，每年因心理问题而导致的员工工作效率降低及医疗费用造成的经济损失占比达到 10% 甚至更高。EAP 的普及有利于实现社会心理服务覆盖到各行业的全体员工及其家属，预防和解决从普通员工到企业管理者的心理心态问题，维护职场人的身心健康，提升企业效能，进一步激发企业活力与创造力，促进全社会各领域高质量发展，实现经济行稳致远、社会安定和谐、国家繁荣富强。

(二) EAP 对社会心理服务体系建设的推动作用

EAP 在中国本土化发展中所呈现出的这些价值,在国家开始推动社会心理服务体系建设之后更焕发了新生机,拥有了更广阔的前景和更深远的意义,它在中国特色的社会心理服务体系建设过程中发挥着重要的推动作用。

在闫洪丰看来,社会心理服务体系是面向全社会、全人群、各领域,提供全周期、全覆盖的公共普惠式服务。而 EAP,它作为一项面向员工及其家属提供的系统且长期的心理援助和福利计划,本质上是社会心理服务体系在机关企事业单位系统的集中体现,对推进中国特色社会心理服务体系建设大有裨益:

1. 促进社会心理服务的普及和推广

尽管目前 EAP 仅在中国发展了 20 余年,但越来越多的企事业单位开始认识并认可 EAP 的价值。随着人们对心理健康问题的关注和心理健康意识的提升,相信会有更多的企业和组织引入 EAP。这将有助于推动社会心理服务的全面覆盖,为不同职业人群提供更具针对性的专业心理健康服务和全方位、全周期、多元化的社会支持。

2. 促进社会心理服务行业的专业化和标准化

闫洪丰指出,EAP 已经具有一套相对成熟、完善且系统的工作框架,培养出了专业化的人才队伍,建立起了标准化的服务流程。EAP 行业的经验和资源能够为社会心理服务行业的专业化和标准化建设提供借鉴和助力,推动整个社会心理服务体系建设向着更加科学化、规范化的方向前进。同时,EAP 服务过程中可以收集到大量数据信息,对于评估社会心理服务效果、优化服务流程和内容、制定和完善后续相关政策等都具有一定的参考价值,也可以为社会心理服务体系建设相关理论和实证研究打下重要基础。

3. EAP 的本土化发展为中国特色社会心理服务体系建设奠定良好基础

社会心理服务体系概念提出至今尚不足 10 年,体系搭建和落地的时间则更短,已经在中国发展 20 余年的 EAP 所沉淀出的本土化服务经验可以成为中国特色社会心理服务体系的重要参考和建设基础。例如中国石化借助 EAP 积极探索新时代宣传思想的工作方式方法，通过开展 EAP 织好"心理熔喷布"，推动"心理健康＋思想政治工作"为特色的企业社会心理服务体系建设，培育员工健康心态，助力企业和谐发展，为打造世界领先洁净能源化工公司提供了强有力的心理支撑，走出了一条彰显中国特色国家治理体系和治理能力现代化的国企实践之路。闫洪丰很看好 EAP 在中国的发展前景，相信 EAP 在社会心理服务体系建设中大有可为。但与此同时，鉴于 EAP 是舶来品，它在中国的发展仍然存在诸多问题和挑战。闫洪丰表示要想让 EAP 真正顺应时代发展、适应社会需求、满足人民需要，必须在政策规范的引导下，融合运用心理学专业的技术方法，社会工作主动利他的工作模式以及社会治理的底线意识和系统思维，根据不同企业的实际与文化特色通过加强服务与实践，才能构建起以员工为中心的全方位、全周期、多元化的社会支持系统，助推中国特色社会心理服务体系的建设和发展。

三、八层同心圆模型，打造中国特色员工社会心理服务体系

作为国家社会心理服务体系试点地区专家，如何科学搭建社会心理服务体系是闫洪丰的重点研究课题。在他看来，EAP 未来在中国现代化进程中大放光彩的途径之一便是深度参与社会心理服务体系建设，这就要求 EAP 瞄准员工心理需求的最大"公约数"，画出员工社会心理服务体系建设的最大"同心圆"，进而推进 EAP 本土化、时代化发展，构建出全方位、全周期、多元化的员工社会心理服务体系。

以这一理论为基础，闫洪丰围绕员工的全周期社会心理服务与社会支持系统，提出了"八层同心圆社会支持理论模型"。在这个近似地球结构的模型中，最内核的一层是"自我支持"，进而是"家庭支持"，逐渐向外延展边界分别是"同事支持""企业组织支持"，到"专业机构支持""政府法治支持"，再到"社会文化支持""生态环境支持"最终形成了一个以员工为中心的全方位、全周期、多元化的社会支持系统。

第一层是员工自我支持

闫洪丰说，很多时候人们谈及个人身心健康时，侧重点往往都是心身

疾病,但实际上真正患有心身疾病的人只占人群中的少数,而有超过80％的人更需要提升心身素养、促进心身和谐,增强主观幸福感。因此,他将"自我支持"作为同心圆的核心,发挥前端预防作用,号召每个人都成为自己心身健康的第一责任人。

第二层是家庭支持

通过 EAP 为员工及其家属提供专业社会心理服务,预防和解决发生在家庭内部的各种心理行为问题,给予家庭成员充分的支持。在这一层的工作中,要结合《中华人民共和国家庭教育促进法》和《关于进一步加强家庭家教家风建设的实施意见》的相关内容推进家庭美德、个人品德建设,激励员工向上向善、孝老爱亲,引导自觉履行家庭责任,家人相互关爱守护,构建和谐婚姻家庭关系。

第三层是同事互助支持

借由 EAP 引导同事间的相互接纳、互助共情和人文关怀,为彼此提供心理支持、满足心理需要、消解心理困扰,改善个体的亚健康心理状态。以群体的心理健康和幸福和睦,助推个人的心理健康,促进人与人、人与企业和谐相处,预防减少不良心态和极端行为的产生。

第四层是企业组织支持

根据员工需求和企业需要,探索建立适合企业文化和员工发展的EAP项目并配套开展社会心理服务所需的人、财、物、机构、机制予以保障。要关注员工内在需求,协助其解决实际困难,提高员工的安全感和稳定感以及对企业组织的强烈认同感,让广大员工安心、安身、安业,促进企业整体的高质量可持续发展。

第五层是专业机构支持

加强心理援助与危机干预队伍的专业化、系统化建设。规模较大的单位,可组建常态化社会心理服务团队、设立社会心理服务站(室);规模较小的单位,可选择购买 EAP 服务。通过热线、网站、APP、公众号等建立公益心理援助平台。不仅是心理机构,也欢迎各类社会组织参与到员工社会心理服务中。本行业内权威专业组织应加快研究制定社会心理服务专业机构和人员的登记、评价等工作制度,推动行业规范性文件的落地,加强对服务机构和人员的考核监管。

第六层是政府法治支持

政府发布的相关政策文件和法律法规可在宏观上为机关企事业单位系统的社会心理服务体系建设给予更多的指导和支持。如 2011 年 11 月发布的《关于关心干部心理健康提高干部心理素质的意见》就提出,要从注重科学管理和人文关怀、提高心理健康服务水平入手,关心干部心理健康、着力解决干部心理问题。

第七层是社会文化支持

良好的企业文化与社会环境,有助于构建起全方位、多层次、多元化的社会支持系统。要注重人文关怀与心理疏导,推进社会公德、职业道德、家庭美德、个人品德建设,引导员工自觉履行法定义务、社会责任、家庭责任。发挥党建工作引领,培育优秀企业文化,提升员工主人公意识和企业参与感,优化企业秩序规范、行为准则、伦理标准和信任体系,营造知荣辱、讲正气、作奉献、促和谐的企业风尚。

第八层是生态环境支持

把心理健康科普、情绪压力疏导、心理团辅活动等融于户外空间,让员工在游玩、散步、观景、康养的过程中放松身心、舒缓压力、自然疗愈。发挥植物带给人的生命力和感染力作用,通过自然景观、园林景观、森林康养、农业种植和园艺活动等,降低自然缺失症,增强对现实的理解力和掌控感,获得关于生命、生长、生活的体悟。发挥优美自然环境对人的滋养作用,通过视觉、听觉、嗅觉、味觉、触觉的感官刺激,生成绿色疗愈力,达到减轻压力、改善健康、舒缓疲劳、调适情绪、愉悦身心、改善认知、促进社交的效果。构建人与自然生命共同体,在自然生态中调整心态,修心养性,涵养道德,以理性平和的心态融入生活、工作、事业之中,实现获得感、满足感和幸福感。促进人与自然和谐共生,尊重自然、顺应自然、保护自然,探索文明、健康、绿色、环保的生活方式。

上述同心圆模型的八层支持为防范化解个人危机与组织风险铸造起了八大防护层,也是对中国文化中"一方有难,八方支援"的现代阐释。闫洪丰希望在八层同心圆社会支持的环环相护中,创造出同中国具体实际相结合、同中华优秀传统文化相结合的 EAP 服务新模式,确保员工社会心理服务体系建设融合心理、社工和社会治理,兼顾微观、中观和宏观,创新设计出全方位、多元化、综合性的配套服务项目,为中国员工的心理健康与幸福感提升保驾护航。

四、新时代新征程,EAP 发展还需要两点坚持

闫洪丰不仅用"八层同心圆社会支持理论模型"为中国 EAP 的本土化发展指明了前进方向和实践路径,为了帮助中国 EAP 在新时代的本土化进程走得更坚实更顺利,他还特向行业提出了必须坚持的两条"行动纲领",即"两个结合"和"六个必须"。

(一) 两个结合

"两个结合"是指 EAP 发展必须坚持同中国具体实际相结合、同中华优秀传统文化相结合。这是因为,同中国具体实际相结合,才能正确回答和解决 EAP 在本土化实践发展中遇到的系列问题,作出符合中国实际和时代要求的正确回答,得出符合客观规律的科学认识,形成与时俱进的理论成果,更好指导中国实践;同中华优秀传统文化相结合,才能把 EAP 发展同中华优秀传统文化精华贯通起来,同人民群众日用而不觉的共同价值观念融汇起来,契合中国人的精神追求和文化底蕴,不断赋予 EAP 鲜明的中国特色。

(二) 六个必须

"六个必须"是指 EAP 发展必须坚持人民至上,要以员工为中心,主动处理员工反映的问题,努力满足员工的心理需求,提升员工的获得感、幸福感和安全感。坚持自信自立,解决中国的实际问题必须从中国基本国情出发,切实构建本土化、时代化的 EAP 发展模式。坚持守正创新,要顺应时代发展,积极面对新兴事物,拓展认识的广度和深度。坚持问题导向,增强问题意识,不断提出真正解决问题的新理念、新思路、新办法。坚持系统观念,把握好全局和局部、当前和长远、宏观和微观、主要矛盾和次

要矛盾、特殊和一般的关系。坚持胸怀天下,拓展世界眼光,深刻洞察人类发展进步潮流,吸收人类一切优秀文明成果。

结语

个人小家健康和睦,企业大家安定发展,社会国家和谐繁荣是一幅令人无比向往的美好画卷,相信也祝福 EAP 能在这幅宏伟美好的画卷上留下一抹独属于它的色彩。推进中国式现代化 EAP 高质量发展,建设并完善更为全面立体、科学专业、实用有效的社会心理服务体系,实现人与人、人与社会、人与自然的和谐统一,是无数像闫洪丰一样的躬身入局者力学笃行的方向,也正因此,才有 EAP 在中国的繁花锦簇,硕果累累。

不是所有人都能成为 EAP 项目经理

受访者简介

毛寒晓（中智 EAP 项目组高级经理）、易清（中智 EAP 项目组经理）、华蓓（中智 EAP 高级咨询顾问）。

毛寒晓，在中智 EAP 已经工作了 12 个年头，担任中智 EAP 项目组高级经理，她毕业于美国纽约州立大学布法罗分校，是康复心理咨询硕士，曾在美国多家心理咨询机构实习和工作，是国际 EAP 协会认证的 EAP 顾问，美国认证康复咨询师。她的咨询时数达到 1500 小时以上，除了拥有扎实的专业功底，也很擅长客户的服务工作，已为大量知名企业设计、引入和管理 EAP 项目。

易清，自华东师范大学应用心理学硕士毕业后，加入中智 EAP，至今已有 10 年，担任中智 EAP 项目组经理。在华东师范大学求学期间，她就从众多师兄师姐的口中听说过"中智 EAP"。在她的心中，中智 EAP 是领先的行业品牌，是专业的代名词。在中智 EAP 工作的 10 年，也见证了她作为项目经理和咨询顾问的成长之路。

华蓓，应用心理学本科毕业后加入中智 EAP，至今已 9 年，担任中智 EAP 高级咨询顾问。从青涩的职场新人到资深的咨询顾问，她的成长是在 EAP 行业从助理到项目经理蜕变的典型案例。她服务了众多金融公司，在团队内有着"金融一姐"的称号。

一、背景故事

在中智 EAP 项目组团队，每一位新加入的成员都会从助理的岗位开始，熟悉项目的流程、客户的需求进行分析、方案的撰写、参与竞标，以及后续项目的具体执行，每一个环节都需要熟悉与掌握。

在入职中智 EAP 三年后，华蓓终于迎来了独立承接客户需求的这一刻。在前期与客户达成较好的沟通并建立良好关系后，便进入项目的竞标流程。现场述标通常是正式竞标流程中不可缺少的步骤，也是最考验项目经理综合素质的环节。在几十分钟内，须在方案中充分展现出专业能力、演讲能力、应变能力、经验应用能力。华蓓一直都记得那个第一次的瞬间，怀着忐忑与激动的心情步入述标会议室，前面坐着一排评委，开着摄像机，记录着竞标的每分每秒。当她在规定时间里完成述标的最后一段分享时，她在与评委交集的眼神中捕捉到了一丝赞赏，突然觉得之前认真的备稿，彻夜的努力都值得了！答疑环节，在团队顾问的支持下，客户提出的尖锐问题都在春风润物中一一化解。当她离开那个会议室时，她知道她完成了一次蜕变，从一个稚嫩的助理，经过打磨与努力，逐渐涅槃，能够成长为独当一面的项目经理。

那一次竞标的成功，与来自客户的肯定与赞赏，至今都是华蓓心中的高峰体验和无价瑰宝，激励她度过了很多艰难的时刻。之后无论遇到多么复杂的项目与需求，她都坚信自己会攻克及战胜，因为身后有坚强的后盾，因为身边有团队的战友，因为内心有蜕变的刻痕。

从项目助理到独立管理项目再到顾问式销售 EAP 项目，华蓓认为坚持与沉淀是很重要的因素。项目助理的初期可能会承担项目中各个不同板块的工作，有时候甚至觉得枯燥。但对于项目来说却是环环相扣的，只有学会每个版块的技能才能综合运用，沉淀下自己对服务的理解与认识，从而根据客户不同的需求推荐定制的服务。在这个过程中，可能会有迷茫、沮丧、没有成就感，但世上的成功本来就没有一蹴而就的，只有经过时间的沉淀，才终会涅槃。

获取客户的过程中有成功就有失败，丢单也是项目经理成长路上不可避免需要直面的问题。这种状况短期内难免会带给当事人失落的情绪，但从长远看，这正是坚强成长的奠基石。

2011 年毛寒晓进入中智 EAP 后，就跟着直属领导史厚今做 EAP 项目，服务一家世界 500 强的医药公司，也是中智 EAP 当时最大的一个客户。2012 年她开始独立跟进,巧的是,客户公司也换了 EAP 项目对接人。虽说是两个新人磨合,但毛寒晓感觉一切都很顺畅,也配合新对接人做了很多相关工作。但没想到,2013 年续约时,却出乎意料地失去了这个客户。毛寒晓非常内疚、自责和意外,怪自己经验欠缺,自认为给客户提供了专业的服务,却没有察觉到客户对服务的真正评价;自认为与对接人建立了互信合作关系,却缺乏与对接人的深度链接;自认为老客户拥有坚实的合作基础,却没有敏感捕捉客户需求的变化并提前做出应对。

上司史厚今没有责怪她,而是告诉她,这就是市场和商业中一件很自然的事情。

虽说这就是商业,但在毛寒晓心里,这仍然是很痛心的事。痛心,往往能成为人成长的动力。通过这件事,也让毛寒晓定下心来,重新认识这份职业,更努力地提升自我能力。在之后的客户服务中,毛寒晓知道,除了自己在心理健康领域的专业输出,更需要了解客户的行业现状、组织需求、人力资源管理知识、项目管理技巧、沟通能力和谈判技能。说到底 EAP 不仅仅是心理学,不仅仅是心理咨询,要想胜任 EAP 项目经理的角色,考验的是综合能力,而非仅仅是专业知识。

2019 年,毛寒晓得知之前在她手中丢失的客户需要重新甄选 EAP 服务商,终于迎来了修正失误的机会,毛寒晓坚定地对自己说,必须拿下!她做了充足的准备,给客户展示了过往 6 年里中智 EAP 的成长、对行业和人群的理解、中智 EAP 6 年来在客户行业的服务经验和洞察,同时,保持与对接人的紧密沟通和联系,最终,她成功地再次赢回了客户的信任,拿下了项目。

二、成为 EAP 的项目经理

毛寒晓本科毕业后,赴美国攻读心理咨询硕士研究生。于 2011 年学成回国,发现国内心理咨询就业面较窄,直接当心理咨询师又感觉自己太年轻,也担忧收入有限。这时,她了解到国内已有多家 EAP 服务商,心理咨询正在通过 EAP 的形式向企业提供服务,于是她就决定加入 EAP 行业。

当时她对 EAP 的了解并不多。尽管 EAP 源自欧美,但因为美国的心理健康基础建设丰富完善,除了私人执业的心理咨询机构外,更有社区、政府、NGO 性质的康复中心、家庭中心等不同的机构为不同人群提供心理咨询服务。EAP,作为众多的服务形式之一,并不是很突显。

而国内则不同,心理行业还处于发展初期,心理健康基础建设很不完善,部分医院有提供心理相关服务的科室,但人们往往很介意去医疗机构寻求心理帮助;如果寻找私人心理咨询师提供咨询服务,来访者既无法了解咨询师背景资质,从经济角度看,尤其对于有长期心理咨询需求的来访者来说也是一项巨大的经济负担。所以,毛寒晓感觉 EAP 这种由企业买单,作为福利向员工和家属提供免费心理咨询服务的方式,对中国国民来说是个福音。EAP 服务商严格地筛选咨询师准入标准和个案管理流程,既能保证咨询服务质量,又能大大减轻心理需求者的经济负担。同时,除心理咨询以外的其他服务,如心理健康科普、心理培训等,大大提升了中国国民心理健康意识和素养。从某种程度上来说,企业和 EAP 服务商共同联手推动了国家心理健康事业的发展。EAP 服务的对象是企业员工及家属,通常是高功能人群,是她更愿意为之工作的一个群体。因为在美国心理咨询机构实习和工作期间,服务对象大部分是患有严重精神疾病的人,时间久了,发现心理咨询带给他们的帮助相对比较有限,常常让她有种挫败感。

此外,在 EAP 服务机构工作既能得到稳定的收入,也能让自己在热爱的领域继续发展,基于综合考量,毛寒晓选定了自己的职业方向,加入中智 EAP。

刚进入中智 EAP,毛寒晓很幸运,跟随了已经在 EAP 行业打拼七八年,算得上中国最早一批 EAP 专业人士的史厚今学习做项目。毛寒晓说,她没有学过营销,如何与客户沟通、议价等销售的知识和能力,全是史厚今手把手带教出来的。因为中智 EAP 当时业务量相对不大,有些工作职能会有交叉的部分。而这一段难得的"一人多职"的工作经历也是毛寒晓走向资深 EAP 项目顾问的历练之路。她回忆说,初期作为咨询顾问,EAP 相关的每个职能都要涉猎。项目方面,对接客户引入项目,签单后进行项目实施。咨询方面,定期进行"7×24 小时"热线轮班工作,个案回访工作;同时,如有余力,毛寒晓还要承接一些员工、家属的心理咨询工作,在第一线为员工提供服务,了解员工的困扰和需求。后期,自己加强了危机干预、员工心理管理方面的学习,又有机会协助危机干预专家、组织变革专家提供服务,渐渐开始承接管理咨询、现场危机干预、变革咨询等危机服务。之后,经过长时间历练,毛寒晓将自己的工作经验进行总结和提炼,向内外部提供 EAP 培训服务。

随着中智 EAP 业务体量的增加,职能分工更加细化和清晰,因为自身性格适合与客户联系协调,跟客户沟通也比较顺畅,毛寒晓就选择留在项目组开始带领整个项目团队开展项目。

毛寒晓说,很感谢当年"一人多职"的工作经历,虽然没有非常明确的工作标准,但也给予她更多的空间进行自我学习、自我挑战、自我摸索,而这个过程也是提升自我认识,多维度升级自己的过程。毛寒晓记得当年每周团队例会时,上司史厚今总是会带领大家开展个案的研讨或督导、工作流程的复盘。一来团队中很多人都是怀揣着对心理咨询的热情加入 EAP 行业,定期的个案研讨和督导能帮助团队成员继续保持在心理咨询专业领域的学习;二来对咨询方案的研讨又能更加优化干预和服务流程。正是在不断的研讨和复盘中,中智 EAP 一次次完善特殊个案、风险个案的处理流程,优化咨询师管理和个案管理的标准。而不断的积淀、总结、优化也是感受自我成长,远离倦怠的法宝。

有挑战,有成长,不倦怠,这正是毛寒晓在中智 EAP 工作十余年的原因。

对于易清来说,作为项目经理拥有学习新知识的内驱力,对跨界知识的探索欲既是岗位的需要,又是自我成长和制胜倦怠的法宝。

在开始独立对接客户需求时,易清曾接到一个客户的需求:该客户是一家知名的服装品牌,在浙江某地有一个独立的生产和物流中心,以一线员工为主,且多为年轻男性。客户表示员工经常一言不合就发生肢体冲突,打架斗殴的情况时有发生,这让生产线的管理者们相当头疼。客户希望通过 EAP 项目可以改善这一情况。

易清的脑海中首先浮现的就是"为什么"? 员工为什么会有这样的行

为？仅仅是因为年轻男性员工"血气方刚易冲动"吗？为什么只有这个物流中心存在这个问题？为什么希望通过 EAP 项目改善这一情况,企业还开展过其他改善措施吗？为了解答这些问题,易清不仅和企业管理团队做了多次沟通,还查阅了诸多研究文献、管理期刊,就"工作场所的暴力行为"进行了深入地探索。最终,易清从个人因素(情绪急躁易怒、易冲动、冲突管理能力较差、酒精、无法解决的个人问题等)和组织因素(工作负担过重、不明确的职务说明、不公正的资源分配、专制的管理风格等)切入,从员工个人能力和管理者的管理能力的提升着手,为该客户制定了属于自己的 EAP 服务方案。

谈心谈话、思想动态调研、矛盾调节技能、多元化、敏捷管理、心理安全……如今,易清和其他项目经理们依然还在不断地学习、不断地自我充实着。

三、成为中智 EAP 的项目经理,不止于项目经理

中智 EAP 对项目经理要求很高。这是一个非常综合、专业的岗位,承担了销售、执行两部分工作,资深的项目经理,还要承担顾问的角色。

这样的岗位设定,是充分考虑了 EAP 的服务需求,能确保服务的流畅性。因为,首先 EAP 不是一个简单的产品,其服务需要一定的专业性,比如在客户对接中,可能会有一些员工心理健康管理的难题等现场需要讨论,非心理学专业出身的销售,专业能力不够,就很难打动客户。其次,EAP 项目的服务,包括了前期了解客户需求,针对需求定制方案、报价、打单,后期根据方案进行具体执行,项目经理都需全程跟进,这样,对客户才会有更深、更全面的了解,且能更好地把握项目,确保高品质服务。

在毛寒晓看来,想成为一位专业的 EAP 项目经理,并非一件易事,需要独特的综合能力和素养,出色完成三个角色的工作。

(一)兼顾基于专业的销售和顾问两个角色

中智 EAP 的项目经理均是心理学、医学、社会学等相关专业背景的人员。在中智 EAP 看来,EAP 销售有别于传统销售人员仅限于销售工作

本身,EAP 的销售过程中,往往带有顾问属性,比如厘清客户的复杂需求,并针对需求提供特定的方案,这不单单是销售,而是销售＋顾问,需要有良好的理解和判断能力,也需要有专业的方案设计规划能力。比如,制造业的员工和一般公司的白领,是不同的人群,服务形式、宣传方式等也都不尽相同,这就需要项目经理有顾问的水准,对人群有一定的了解,才能为客户提供精准方案。另外,遇到危机干预或出现特殊情况时,项目经理需要展现出顾问的能力,及时跟企业管理团队去对接,即时提供解决方案。在所有服务中,当企业发生危机,能快速、精准地为企业提供危机干预管理方案,是对项目经理最大的考验。

通常,企业中需要应对的危机事件,多为员工的意外身亡或病故。从心理学的临床视角,可以提供的专业支持是相对成熟的,一般称之为"危机干预"或"哀伤辅导"。但是在实际的工作中,EAP 还需应对企业管理相关的问题和挑战。比如,企业会担心"如何和家属沟通?""是否需要告诉其他员工发生了什么?""同事们如果一直追问发生了什么,需要怎么回应?""同事们发微博或微信议论此事,怎么办?""家属或同事们责怪是企业的责任怎么办?"……易清发现,每一例的危机事件不一样,受影响程度也不一样,甚至面对不同的管理者、HR、家属的态度也不一样,并不能用一套固定的危机干预流程套用所有的情况。除了专业上最基本的应对原则,企业中开展危机干预,更需要项目经理的项目经验、管理经验和应变能力。作为心理学科班出身的易清,在学校学习期间也都接触过不少危机事件的处理和干预。但是,当接触了企业中发生的危机事件,易清直言"情况太复杂,太烧脑了!"这一句,既蕴含了危机干预对项目经理的高要求,也寓意了危机干预给企业带来的价值和意义。

作为销售,学习方案演讲、商务沟通、价格谈判等技能也是必不可少的。向客户进行方案展示,不但是对沟通、演讲能力的考验,同时需要项目经理在演讲中融入自己的服务经验和热忱,并用高超的专业水准打动客户。

在议价谈判中,项目经理需要了解服务背后的流程、人力成本的投入,价格设定的有理有据,坚守公平和底线。同时,还需要项目经理运用专业知识，讲解 EAP 质量的差异，与客户在质量和价格上形成共识。

初期作为项目经理，令易清印象最深刻的就是商务洽谈，不仅需要熟悉各种岗位职能，还需要了解不同的招投标过程，"商务洽谈""公开招标""邀请招标"各有各的流程和要求。在和一家外企开展竞标的过程中，易清还发现仅仅"线上竞价"这一环节，就有"荷兰式竞标""反向竞标"等不同形式，每次都需要根据实际情况，快速学习，迅速调整商务部分的报价策略。

（二）让客户感知 EAP 价值的执行角色

在毛寒晓看来，客户对于 EAP 价值的感知，最终是通过项目执行来体现的。项目执行得好，运行顺畅，员工参与度高，帮助业务解决实际问题，EAP 在企业中的价值就会高。

具体的执行工作，主要是对接企业 HR，提供切合需求的服务，保证 EAP 项目在企业内部有序、有质的运行，以及帮助管理者解决一些日常工作中的员工管理难题。项目经理就是客户与 EAP 服务后台的纽带，也是高质量服务的把控者和推动者，这需要很强的专业性和应变能力，可以快速理解对方需求，给予精准的解决方案。

很多企业在刚接触 EAP 时，总认为各家 EAP 服务商是"雷同的"，提供的服务看似也都是一样的——宣传、热线、培训、一对一咨询、移动端平台等等。易清却发现，EAP 工作并不这样。因为，每个项目都是不一样的。真正开展过 EAP 项目的企业知道，EAP 是富有"企业特色的"，企业文化不同、引入部门不同、目标不同，EAP 项目就会不同。也正是这样，易清在面对不同客户时，都会相应地变化和调整项目方案、项目的目标和收益。设想一下，如果客户是从 HSE 部门引入 EAP 项目，EAP 便应该结合 HSE 的工作职能，更聚焦在促进健康和安全生产；但是，这样的项目设计和目标，就很难运用在以工会牵头的项目中。同样，如果客户是从人力资源角度引入 EAP 项目，EAP 就应该结合人力资源管理的福利视角、员工关系视角，协助 HR 更好地工作。

项目经理能看到每个 EAP 项目背后不一样的价值，那么他服务过程中也能向客户传递相应的价值。

作为三"角"合一的综合岗位,毛寒晓认为,一个专业的项目经理,**从素质上看**,专业性及其支持性是必不可少的。**从能力上看**,由于需要了解客户需求、商业议价、采购谈判等,所以,必须要很强的沟通能力;同时也要具备执行能力、数据分析能力,因为需要定期给客户出报告,有些客户还会做心理测评,要运用心理咨询知识,分析出数据中潜在问题。另外,现在客户对于宣传非常重视,因为宣传做好了,员工才能知晓并使用服务,所以还要比较敏捷地了解掌握传播形式、流行元素,并融入现有的服务中去。易清提到为了让项目更吸引人,学习策划新颖的活动形式、编写动画脚本、掌握简单设计都是项目经理跨界基础技能。**从管理上看**,一方面随着公司的发展,对合规性、财务、版权等要求越来越严,项目经理也需要在服务中保持敏感性,规避双方风险。另一方面,也要有成本意识,合理把控项目成本。

毛寒晓说,一个专业的项目经理,能够让客户真正看到 EAP 的作用,也能帮助客户解决问题,而只有让企业看到 EAP 对企业的价值,项目经理才能持续更深入地推进 EAP,让更多的企业看到 EAP 的价值。

四、EAP 项目经理的难题与解决方案

从 2011 年毛寒晓进入 EAP 行业时,到 2019 年止,她和团队都是在做大量普及性推广,培养市场,帮助客户理解 EAP。而现在,从主动咨询 EAP 的客户来看,企业客户都有了非常明确的需求,有些甚至在前期沟通阶段,就已经把服务细项列好了。

意识和认知有了,但服务中还是会遇到各种难题。

(一) 低价竞争

很多客户会让她解释为什么中智 EAP 的价格会比其他服务商高。在毛寒晓看来,这是一个最简单不过的问题,任何定价都是基于成本核算,贵一定有其贵的理由。比如,中智 EAP 的竞价贵,一是贵在人才上,不论是咨询师、培训师、还是员工,中智 EAP 都坚持选择最能保证服务质

量的人员；二是贵在工作质量上，比如中智 EAP 的个案中心，坚持审核每个个案，这就需要大量的人力，成本自然会增加。但因为这部分是针对"人"的服务，成本不能省，必须将专业和质量放在首位，加上中国心理咨询师的水平目前还是参差不齐，作为 EAP 服务商，要最终对客户负责，就一定要重视加强监管其咨询效果和咨询过程。

在毛寒晓看来，这也是对"专业"的尊重，高质量专业的服务没有白菜价，过低的价格，也会让从业者对工作价值产生怀疑；极力挤压行业各环节的费用，特别是降低咨询师的费用，导致咨询师无法生存，也会对 EAP 业态的健康有序地发展带来破坏，最终损害的是客户。

（二）企业对 EAP 伦理规则理解不够

很多企业引入 EAP 的初衷是"防范风险"。有些企业会狭隘地将防范风险直接理解成"告诉我谁来用了咨询""告诉我特殊个案是谁""告诉我这个员工是什么情况"。而这些诉求，针对还没有达到打破保密协定级别的特殊个案（指有潜在的心理问题、性格上有偏差、遇到重大危机事件而情绪波动等），要求 EAP 服务商透露员工信息显然是对伦理规则的破坏。这样的诉求从侧面反映出，虽然企业对员工心理健康越来越重视，但对 EAP 的角色和如何发挥作用需要有更深的认识和学习；其次，对于防范风险，企业可以从更广泛的意义上去理解，比如增强员工个人的应对能力、优化工作环境、塑造积极健康的领导力。这些都是从本质上去防范风险，而非仅仅停留在"识别和应对"。

（三）EAP 的推动和执行

毛寒晓说，不同的客户，难点不同，有些客户有特别明确的想法，就需要针对他们的想法、需求和 KPI，并结合企业的战略目标，提供量身定制化服务解决方案；有些客户，对 EAP 没有自己的想法，对接人工作繁忙，无暇顾及 EAP 项目，这就需要项目经理根据自己的理解，制定完整的方案，主动与客户沟通，让项目能够推进。

不论遇到多少难题，在毛寒晓看来，一个专业的项目经理，就是一个

"owner"，对客户负责，对项目负责，让项目顺畅推进。

而作为从业多年的 EAP 项目经理，毛寒晓当下最大的感受是：越来越容易，也越来越难。越来越容易，是因为企业客户对 EAP 接受度更高了，整个行业在向前发展；越来越难，则是因为服务趋于同质化，卷入价格竞争；同时，随着社会人群心理知识的不断增加，对行业从业人员，尤其是心理咨询师、培训师的要求越来越高；随着互联网、人工智能的发展，如何快速反应，甚至引领市场变化，推陈出新，是中智 EAP 的首要任务。

毛寒晓说，这些难题，不光是对项目经理的挑战，也是对中智 EAP、对整个 EAP 行业、心理学行业的一个挑战。栉风沐雨 20 载的中智 EAP 愿意迎难而上，坚持客户第一、坚守专业、勇于创新。

结语

毛寒晓、易清、华蓓，是众多中智 EAP 项目经理的缩影。每一位加入中智 EAP 团队的成员，各有各的原因。但让她们留下、持续在这个岗位上发光的原因却是一致的：EAP 工作让每个人在尝试中突破自我，在挑战中不断成长！

个案中心 EAP 服务的坚实后盾

受访者简介

陈雯,毕业于华东师范大学心理与认知科学学院。2010 年进入中智 EAP 工作,2020 年,担任中智 EAP 个案中心高级经理。

十余年间,她经过中智 EAP 各个岗位上长久历练,业务能力、管理水平不断精进,踏上这个经历过几代管理者领导下的核心岗位,开启了新一轮的革新和创造。

一、背景故事

陈雯在中智 EAP 十余年的工作中,使其印象最深刻的,还是 7×24 小时热线值守中发生的一件事。

那天半夜里,电话响起,来访者开口就说,感觉自己活不下去了。陈雯立即进入危机干预状态,耐心地倾听、陪伴来访者深谈了一个多小时,这才知道,来访者之前打过社会心理救助热线,可能求助的人太多,都没能打通,今天看到了公司提供的 EAP 服务,抱着再试一次的心情,打了这个电话。如果这个电话没打通,来访者很可能就会采取一些极端行为了。来访者与陈雯聊了一小时后,感觉被理解,消极情绪有了一定程度的缓解。

第二天,根据个案管理流程,陈雯又再次跟踪确认来访者的状态,解除了危机。

这次经历,给了陈雯很大触动:学心理学的人,或多或少都有一些情怀,一次次的来访者反馈,让她感觉到 EAP 是可以帮助他人的,这份工作对于来访者、企业、社会都是极具价值的,这也是她持之以恒坚守这份工作的最大动力。

二、个案中心的核心功能——为企业和员工提供高质量的 EAP 咨询服务

2020 年,陈雯接手了中智 EAP 个案中心的管理工作,成为中智 EAP 个案中心的第二任管理者。

在她看来,这是一份任重道远的工作。因为,咨询服务是 EAP 三级服务体系中最高层级、最核心的部分,是员工获得一对一个性化支持的通道,而个案中心则是咨询服务顺利、专业实施的载体和保障。中智 EAP 素来对咨询服务都十分重视,特别强调质量和体系化建设。自从朱晓平在中国引入 EAP 并建立了初代 EAP 服务标准和流程后,经史厚今等几代管理者和团队的不懈努力,在 20 年间做了无数轮的革新,才有了如今完善和专业的个案中心。现在轮到她接手了,她感觉自己是站在前人的肩膀上,接手一项很有时代使命感、责任重大的任务。

(一) 中国 EAP 个案中心的核心功能

个案中心,是支撑 EAP 项目正常运转的基础,工作内容涵盖了 EAP 的诸多核心功能或服务。

1. 24 小时呼叫中心

呼叫中心的 400 热线,是员工获得一对一个性化支持的"生命热线",承载着咨询预约、危机管理、即时咨询三个重要服务,全年 7×24 不可中断,是 EAP 个案中心最重要、最核心的工作职责。中智 EAP 的接线咨询师除了需要拥有心理学、社工、国家二级或三级心理咨询师证书等相关专业资质,还需要具备"心理咨询"和"危机干预"的相关技能,并且需要学习"客服"这一基本角色的态度及技能训练。

为了保证 24 小时呼叫中心服务质量,中智 EAP 配备了 24 小时的值班督导咨询师,来应对一些复杂个案。同时制定了标准化的接线流程及培训考核机制,比如接线咨询师在正式上岗前会开展集训,经主管抽听考察过关后方可上岗。上岗后,每天还会根据工作标准进行全员抽听考核,针对集中性的问题开展专题复盘,个性的问题进行一对一沟通,并且计入

个人绩效考核。

24 小时呼叫中心，最难的是夜间的值班接线，咨询师不仅需要保持良好的工作心态，还需要健康的体魄，基于呼叫中心全年无休的特点，除了常规轮岗制外，还会有备岗制度，不仅能应对团队成员身心健康的突发状况，还能根据热线接通率、并发数等数据，动态调整座席数量，以应对服务量的增长。

此外，中智 EAP 还建立了灾备机制，如遇云平台客服系统或数据库管理系统的故障，可迅速启动灾备方案，相关责任人根据灾备方案进行紧急故障修复，并且针对故障带来的影响人员同步进行沟通联系，确保咨询服务正常发生。

2. 咨询师管理

EAP 的咨询服务，主要由咨询师来完成，所以咨询师的专业能力、服务意识以及职业化程度，决定了 EAP 的服务质量。因此，对于咨询师的管理是极其重要的。

在咨询师管理上，中智 EAP 一直抓得很紧，选、用、育、留都有严格的标准和流程。如中智 EAP 选用的咨询师，不仅需要具备相关专业资质，还要通过中智 EAP 咨询专家组的实战考核，且经过一个阶段的实习锻炼才能进入正式合作。又如中智 EAP 将咨询师是否准时开始咨询、咨询环境是否安全保护隐私都将其视为考核咨询师职业化的一个重要标准。

3. 个案管理

个案管理主要是预防风险、管控风险。同时，也开展如咨访匹配、咨询效果评估等循证实践，让来访者获得最适合且有效的帮助。中智 EAP 多年来一直都坚守专业的个案管理，设有个案审核、特殊风险个案三级干预体系来跟进来访者，确保来访者在需要时能获得及时的支持和帮助，以避免极端行为给来访者和企业带来危机。

4. 数据系统和服务系统持续迭代升级

在 EAP 咨询服务体量不断上升后，标准化服务能保障服务品质，而个性化能提升服务体验，也有利于更好地跟踪风险个案，要满足这两点就需要数据系统和标准服务体系的支撑。而中智 EAP 正是得益于 20 年来在这两个方面持续建设和升级,目前个案中心已能承接千万级别的服务体量。

(二) 中国 EAP 个案中心的三个发展阶段

在陈雯看来,个案中心的职能多且重要,但在中国 EAP 发展过程中,由于最初的 EAP 服务机构都很小,市场规模也不大,所以大家都是先做一些前端客户能感知的部分,对个案中心这种隐含的后台服务,相对不那么重视。中国 EAP 的个案中心,大部分都经历了如下三个发展阶段。

第一个阶段,小工作室模式

咨询服务相对单一,咨询范围相对狭窄,仅局限在传统长程的心理咨询,咨询师背景、专长领域的同质化比较严重,服务没有标准,服务人员有限,在面对大体量的客户时,会出现服务质量急剧下降的窘境。

第二个阶段,客服为主的个案中心模式

这时,个案中心的核心工作还是承接 400 热线的接听,并且这种接听是以客服属性为主的,但也开始有了一些标准,比如咨询师筛选标准、预约流程、服务标准等,只是尚未形成闭环,也没有形成每个环节上的细化管理体系,仍然处于“咨询师专家说了算”的状态,对于咨询用户的反馈关注比较少。

第三个阶段,标准化、体系化的个案中心模式

在这个阶段,个案中心实现了专业分工,并有了专注于咨询服务的专门人才和团队,标准化程度相对高,管理体系和管理工具、平台都已经非常完善,也开始全面进入专业化个案管理,更加关注用户反馈,并推动咨询师成长。举例来说,一个专业的 EAP 数据库管理系统,能让接线咨询师高效地为来访者匹配咨询预约需求,将一次 10～20 分钟的咨询预约缩短至 2～3 分钟;也能让个案经理清晰快速地了解其负责的风险个案当前的跟踪状态,并在危急状态下快速联动来访者的人际支持系统进行危机干预。

目前中智 EAP 的个案中心已经进入到发展的第三个阶段,向着更完备、更专业的方向前进,但市场上很多 EAP 服务商,可能仍处于前两个阶段。

在一些市场调研以及 EAP 同行、咨询师反馈中，中智 EAP 的个案中心的专业性，也得到了印证，可以说在行业中是名列前茅。如在竞争中，很多高端和重要的客户最终选择中智 EAP，也是因为咨询服务是 EAP 项目中最容易让员工投诉，也最能获得员工口碑的部分，而中智 EAP 在这一块始终坚持专业品质和服务质量。

但陈雯坦言，只有用过的客户，才知道中智 EAP 是真的好。所以，如何让更多客户理解咨询个案管理的重要性，仍是 EAP 推进过程中的一个重要任务。

三、打造一个优秀的个案中心

究竟如何去评判一个 EAP 个案中心是否优秀呢？陈雯认为，评判的点很多，但最为重要的有以下三点。

（一）须有完备的服务标准和管理体系

从 24 小时热线模块中的"咨询预约流程"到"危机干预方案"，从个案管理模块中的"特殊风险个案三级干预体系"到"个案结案管理流程"，从咨询师管理模块的"咨询师招募及考核方案"到"咨询师运营管理方案"，中智 EAP 个案中心拥有近 30 个标准流程来保障各模块的服务质量和服务效率。

当然，值得注意的是，人是个性化的，所以无论是标准或是流程都不能僵化，要允许有例外。中智 EAP 就设有个案经理、内外部专家督导，来处理一些现有流程中不支持的特殊情况，比如特殊个案需要根据来访者状态进行咨询增频，甚至风险个案需要主动跟踪来访者建议一周多次咨询，以此来做到个性化的特殊问题特殊处理。在咨询师的选拔上亦是如此，如在中智 EAP 的咨询师团队中，有特别给听障人士做咨询的聋人咨询师，他不仅从自身出发，更了解听障人士，还经过了海外知名高校心理专业的体系化训练，通过了咨询专家组的实战考核，虽然她在咨询时数上略低于中智 EAP 所要求咨询经验的要求，但综合聋人咨询师领域的实际情况，这位咨询师已达到优秀标准，故在录用标准上进行了调整予以录用，满足特殊人群的心理咨询需求。

（二）注重用户反馈，以用户体验推动咨询质量和流程的提升

陈雯认为，注重用户反馈是确保中智 EAP 个案中心有生命力的关键。对用户反馈做量化和质性研究，能为咨询师的选、用、育、留提供实证支持。举例来说，有了大数据，就能建立咨询师的评价体系，运用评价体系能做到服务监管和人才优胜劣汰；而在咨询团队人才的保留上，根据大数据能分析出咨询师需要提升和成长的部分，为咨询师的培训、督导、案例演练提供了精确的方向。在中智 EAP，咨询师既能得到来访者的真实反馈，也会有针对性地督导和培训，在专业上不断精进，所以做中智 EAP 的签约咨询师就很有安全感，很多咨询师都和中智 EAP 保持了长久的合作关系。

此外，用户的反馈不仅针对咨询师，也包含了整个 EAP 服务使用流程，用户反馈为 EAP 服务的迭代递进指明了方向，这也是让中智 EAP 在服务量快速上涨时，服务质量仍然能不断提升的重要原因之一。

（三）临床的循证研究不断促进咨询质量的提升

国内外高校和研究机构仍在不断地对咨询效果、咨询有效性进行更深和更广的研究，中智 EAP 也在不断地进行相关循证研究。除了"咨访匹配"研究项目外，中智 EAP 还将国际通用的《职场表现量表 WOS》《结果评定量表 ORS》《CORE－10》应用于促进咨询效果的相关研究中，如在来访者开始咨询前，邀请来访者填写相关问卷，帮助咨询师获取到来访者当前的身心状态、对咨询的期待，有的放矢地提供咨询服务。而在咨询后，也会再次邀请来访者填写同一问卷，以此来观察来访者咨询前后的状态变化，以此衡量咨询效果，同时也为咨询师提供真实的效果反馈，也为后续咨询切入点提供可行的参考方向。另一方面，内外部咨询师也可参照已有循证研究的结果，选择适合来访者需求的咨询技术来开展咨询，这两者都能不断促进咨询质量的整体上升。

（四）匹配合适的咨询师，而非最好的咨询师，这也是未来中智 EAP 持续优化的方向

中智 EAP 重视每一例用户的负面反馈，从研究负面反馈的共性问题

中也发现，一名履历背景优秀的咨询专家，可能仍会得到来访者的负面评价，有时甚至是两极化评价，这和来访者的咨询期待、咨询偏好、年龄背景等都有很大的关系。因此"咨访匹配"，也成了中智 EAP 咨询效果研究的专题项目，希望通过循证研究来帮助来访者找到最合适的咨询师，提升咨询满意度，让咨询服务更好地改善来访者的状态。

来访者千人千面，要做到匹配，也就要求咨询师团队要博采众长，需要有不同流派、不同领域、不同擅长的各类专家，而不只追崇和认同某一个领域专家。在中智 EAP 的咨询师团队中，还会特别招募拥有多年职场实战经验的职场教练，以匹配来访者希望在 EAP 咨询中获得职场指导性建议的需求。

至于如何去打造出一个优秀的个案中心，陈雯也有自己的心得：

第一，是要把创新的、非标的东西，做经验萃取，确保内外部的咨询团队迅速掌握，将创新成功的经验得以推行实施。如团队在学习如何快速评估来访者状态后，将经验通过培训、案例模拟演练分享到签约咨询师团队，帮助咨询师更快速地掌握这一工具，提升咨询效果。

第二，是要把人管好。就像搭七巧板一样，要让不同能力的人进入团队，既要让大家步调一致、统一思想，也要接纳不同思想，同时也要让团队成员的个人愿景与团队目标相结合，在工作中获得价值感和成就感。

第三，躬身入局，踏实行动。一位哲人曾说过：一个行动抵过一打纲领。因此，她对于所有经历过的基础工作，包括 24 小时热线、负面反馈处理、咨询师录用等，都认真负责地去做好做实，在亲身做过之后，也才知道其中的理念和门道，也才洞察到可改进和优化的空间，而且，在亲身去做的过程中，也会起到示范作用，让大家知道不管任何工作，即使是最基础的，要做好也并不简单，大家都要时刻保持初心、不能懈怠。

四、合格的个案中心管理者的养成过程

想要打造一个优秀的个案中心,绝不是一件容易的事情。作为新一任的个案中心管理者,陈雯很感谢自己过往的职业经历。在接手个案中心管理前,她几乎将 EAP 相关岗位都做了一遍,她认为,前期所有的工作经历,都是如今个案中心管理的铺垫和基石,也可以说是一个专业、优秀的个案中心管理者的养成过程。

从 2010 年进入中智 EAP,到 2016 年,陈雯主要是在项目组工作,从项目助理一步步做到项目顾问。这个阶段,她一方面提升了自身的综合素养,另一方面,了解了客户需求部门是如何思考、工作的,这些对她在个案中心工作都很有帮助,让她比没有项目经验、没接触过客户的人,更理解客户的顾虑和需求,也拥有了更全面的视角。在处理个案时,站在双重客户的立场上,转换思路,寻找双赢的解决方案,以便既能帮助来访者,又解决了企业的困扰,很多时候,员工和企业并不是站在对立面上的,他们可以达成共同的目标,满足双方的诉求。

2017 年至 2019 年,随着业务量增大,团队规模也越来越大了,陈雯也开始带领项目团队。这段项目团队管理的经历,提升了她包括商务、销售、顾问等在内的综合能力,同时,也让她有了基础管理能力。陈雯坦言,如果没有这三年的项目管理经验,直接让她做个案中心的管理,她应该会比较困难。

从业务能手到基层主管的角色转换过程中,她也经历了许多挫败,团队成员的离散、家人的离世,让她有过一段低谷时期。后来,通过与同事共同管理团队、参与公司组织的主管能力提升系统培训,让她重新对管理工作有了新的领悟,掌握了许多有效的管理手法,包括如何把个人经验变成团队的知识库,如何再把团队经验变成一个新的产品,如何把工作流程标准化,如何有效地运用大数据去监控,以及如何合理配置团队人员、岗位设计,如何激励团队、帮助成员提升能力等,管理能力获得了极大提升,这在她做个案中心管理时,起到了很大的作用。任何的经历,都是有价值的,现在回过头去看,曾经的低谷,也带给她非常大的价值。因为,这是使

她战胜自我、强大内心的一段有价值的心路历程和体验,可以成为促使其更快成长的动力。

2020 年开始,陈雯接手个案中心的管理,来到了她职业生涯的第三个阶段,从前台转到后台,角色变了,工作内容也变了,从商务对接、客户服务,转向了面对来访者、面对个案,这也让她拥有了另一个 EAP 的视角,探索 EAP 的专业深度。

以往所有的工作历程,都变成了经验和养分,成就了现在的个案中心管理者。

不过,对于陈雯来说,个案中心始终是一个讲专业的平台,她又踏上了新的征程。

进入个案中心后,她觉得自己专业上尚有欠缺,就开始了心理咨询不同流派的长程学习,将专业的部分予以深化。同时,继续迭代内部咨询师的成长计划,将咨询师的个案督导,特殊个案的研讨,内部读书会等资源体系化,联动建立咨询师职业阶梯,明确目标,来推动内部咨询师的成长。

陈雯认为,个案中心做的是专业的工作,要通过不断地学习和自我提升,让个案中心能做更多的事情,服务质量持续优化提升。

结语

从陈雯的讲述中,能深切感受到她对于 EAP、对心理学的热爱。尽管有十余年的从业经历,却看不到一星半点的倦怠。她说,因为这是自己真正喜欢做的事情,并且中智 EAP 团队的氛围、崇尚的价值观、传递出的人情味,以及工作中团队、领导、来访者的反馈也都是正向的,这给了她坚守且越来越热爱这个行业的重要动力,她感到,在这里自己一直在成长,一直在发展。

如今的 EAP 行业、中智 EAP,都正在变得越来越壮大,她感受到行业的春天正在来临。而她,会对这一行业笃行不怠始终成,踔厉奋发启新程,去实现自己做心理学的初衷。

优秀 EAP 咨询师的内在乾坤

受访者简介

杨培,国家二级心理咨询师、二级企业人力资源管理师,应用心理学硕士。她是中智 EAP 的签约专家咨询师,双方保持了长达 13 年的合作关系。她的咨询风格真诚亲切,在给来访者带来情绪支持的同时,也能给予有效建议,帮助来访者做出实际改变。她咨询技巧娴熟,生活阅历丰富,咨询方式接地气,对 EAP 咨询有着深刻的理解和把握。截至目前,她累计咨询时数超过 13000 小时,是 EAP 咨询师中当之无愧的标杆人物。

一、背景故事

杨培曾是通讯行业的一名程序员。出于对心理学的兴趣,2005 年杨培在工作之余开始攻读应用心理学专业硕士研究生。学习过程中,她发现心理咨询是一种通过对话就可以帮助他人的职业,而自己又能在与人良好沟通的同时保持清晰的思路,于是她便申请就读了学校开设的所有与心理咨询相关的课程。出于对心理咨询的喜欢,杨培在读硕士研究生期间投入了大量的精力学习,获得了二级企业人力资源管理师和国家二级心理咨询师证书。

由于当时整个社会对心理咨询了解并不多,心理咨询师的个案量比较少,全职做心理咨询工作只能勉强糊口。硕士研究生毕业后,杨培入职了一家外企做 HR 相关的工作。在业余时间她开始接社会心理咨询个案,并持续不断学习心理咨询相关知识与技术(包括焦点解决短期治疗技术、认知行为治疗技术、心理剧及体验式技巧、创伤治疗技巧、人力资源管理技能等),并珍惜每一个开展心理咨询、接受专业督导、积累个案经验的机会,逐渐积累了丰富的心理咨询相关的知识和经验。

在从事 HR 工作期间,杨培认识了一个新的概念——EAP,并对 EAP 产生了浓厚的兴趣,她开始了解 EAP 心理咨询师这个职业。2010 年,已积累一定心理咨询经验的杨培被同学推荐到中智 EAP,经过考核,她成为中智 EAP 的签约咨询师。

经过一段时间历练后,杨培觉得自己已具备成为一名专业 EAP 心理咨询师应具有的各项品质,而且她也是非常热爱心理咨询这项工作。歌德曾说过,热爱是最好的老师。杨培出于这份热爱,最终作出一个勇敢的决定:辞掉了工作,专注于做心理相关的事情,成为一名全职 EAP 心理咨询师。

转眼十多年过去了,杨培笃守初心,逐渐茁壮成长为一名优秀的 EAP 心理咨询师。

二、EAP 咨询师——要求更高的心理咨询师

投身于 EAP 咨询后,杨培发现 EAP 咨询与社会心理咨询虽然都是在帮助来访者,但还是有很大区别。

(一) EAP 咨询对咨询师的应变能力有着更高的要求

一方面,EAP 咨询覆盖的来访者遍布全国甚至世界各地,有时需要借助视频、电话等方式进行咨询;另一方面,EAP 咨询面对的更多是社会功能正常、想要解决困扰的高功能人群。他们会更在意自己的时间成本,往往想要从心理咨询中获得快速解决问题的办法,甚至希望当天立刻开展咨询并改变现状。

这种高要求也就意味着咨询师需要具备很强的应变能力。EAP 咨询师既要对咨询设置和场地选择进行灵活处理,又需要快速理解来访者的期待并调整咨询方式。

(二) EAP 咨询需要更慎重地对待来访者隐私

保护来访者的隐私,是所有咨询师都要遵守的伦理准则。咨询师能

否做到保密,是很多来访者非常在意的部分。在 EAP 咨询中,由于咨询的购买方是企业,员工往往会担心咨询中的内容会被泄露给企业。因此,EAP 咨询师需要向来访者详细解释有关隐私权和保密性的伦理要求,让他们放心。

同时,EAP 咨询师也需要更加慎重地对待来访者的隐私。咨询的保密原则是存在例外的,当来访者有伤害自身或他人的严重危险时,EAP 咨询师有责任向相关部门预警。在 EAP 咨询下,"相关部门"就包含了企业,而报备企业则意味着可能会对来访者工作产生一些负面影响。因此,EAP 咨询师会和中智 EAP 个案中心的同事详细讨论每一个风险个案,在确保来访者生命安全和其他风险防范的情况下,从来访者的视角去评估其处境,尽可能地去保护来访者。

三、优秀的 EAP 咨询师——优秀的咨询师＋优秀的合作机构

杨培认为,一名优秀的 EAP 心理咨询师除了需要掌握心理咨询理论和技术之外,还需要具备以下特质:

（一）人格稳定

杨培说,咨询师在咨询过程中能见到人性里各种破坏性的力量,需要去面对各种情绪、各种想法。所以作为咨询师,是否具备足够强大的心理能量,并带着来访者去识别与成长,这很考验咨询师的稳定性。

（二）持续成长

咨询师不仅在刚跨入这个行业时需接受大量培训,更是需要让自己保持学习的习惯,通过培训、阅读、个人体验以及督导,使自己积累多方面的丰富经验,不断成长。这些积累可能从短期上看不出明显的效果,但长期看来,对做好咨询作用极大。

（三）平易近人

咨询师不仅需要展现出亲和的态度,同时也需要注意在咨询中"说人

话"。这不仅需要咨询师用一些通俗易懂的话语与来访者进行沟通,也需要咨询师更加了解来访者(包括来访者所处的行业状况、习惯用语等)。这样的咨询师会让来访者感觉咨询师很懂他们,也更容易与来访者建立信任关系。就像杨培之前的 HR 相关工作经验,看上去似乎与心理咨询毫无关系,但这份经验却能切实地帮助她理解 EAP 咨询中的工作和企业管理层面相关的情况,更好地开展与工作相关的咨询。

除了上述特质,一个优秀的咨询师还需要接纳来访者的高期待,然后调整来访者的心理预期,避免来访者产生"一次咨询就能脱胎换骨"的期望。但同时,杨培也认为,哪怕只有一次咨询,一个优秀的咨询师也能让来访者得到收获。在咨询中,她会发现一些来访者第二次前来咨询时的状态和第一次相比较,有了明显的变化,这就是 EAP 咨询带给员工的帮助。

另外,杨培特别强调,想要成为优秀的 EAP 咨询师,合作机构也很重要。

在与中智 EAP 10 多年的合作过程中,杨培感受到了与专业团队共事的意义与价值,这些是社会咨询机构很难给予的。

中智 EAP 团队成员都有心理学背景,又一直坚持为客户提供专业的心理咨询服务,也是杨培一直所坚持和认可的。团队一致的理念和价值观让日常的个案沟通与交流变得无比顺畅。

除此之外,中智 EAP 也有着规范的服务及项目执行流程。从前期的咨询师招募、考核、培训,到咨询师执业专业保护(包含来访者自杀风险评估备案、来访者自杀风险追踪备案、危机支持小组等),再到定期咨询技术研习、个案支持和督导,中智 EAP 一直在帮助咨询师成长。杨培仍记得自己刚入行时遇到了一个比较困难的咨询,中智 EAP 就帮她约了一个国内顶尖的老师进行督导。这对她快速进入行业、快速提升咨询技能,都很有帮助。

杨培认为,这种规范与支持不仅能保护来访者的权益,也能给咨询师带来尊重和保护。

四、EAP 咨询——员工和企业成长的助推器

杨培认为,咨询是 EAP 不可或缺的一项服务,它对员工和企业而言

都极具价值。相比于面向全体员工的培训课程，EAP 咨询是比较个性化的服务，来访者会有各式各样不同的困扰需要前来咨询，而咨询则可以帮助他们更好地解除困惑以应对生活中的各项挑战。

（一）帮助员工提高工作动力和生活热情

对处于不同阶段及层级的员工来说，他们会遇到不同的职业困扰。有些人感觉自己无法承受巨大的工作和人际压力，有些人对自己的职业发展前景感到非常迷茫等等。而咨询师则可以帮助员工掌握一些适合自己的情绪舒缓与沟通技巧，了解自己的不足和优势，明确未来的职业方向，清晰地认识并接纳自己，这就能帮助他们重新获得工作动力，找到工作中的成就感。

让杨培印象最为深刻的个案是她曾陪伴过的一个患有人格障碍的来访者，她看着来访者从频繁自伤，到服药过程中难以正常工作，再到慢慢康复，经历恋爱、结婚、生子，成为公司的优秀员工……杨培为其正向成长变化感到欣喜，而这样的个案并不在少数。就所做的个案咨询效果来看，经过 EAP 咨询，来访者的情绪、工作动力和工作效率都会产生明显改善。

这样的咨询效果会让有些员工自发成为 EAP 项目的"代言人"，向同事推荐 EAP 这个工具。杨培说，金杯银杯不如群众的口碑，现在很多员工能主动来咨询，都是因为曾经使用过且获益的员工做了自发宣传，这种积极的反馈也会对 EAP 项目产生正向的推进作用。

（二）帮助管理者提升管理能力，提高团队整体效率

EAP 咨询除了能让员工获得实实在在的帮助，对管理者来说往往也会产生同频共振，对他们有非常大的帮助。杨培认为，这种帮助涵盖了员工心理问题的评估与应对、团队管理及建设、领导力提升、绩效沟通等多个方面。

中智 EAP 团队会根据咨询师的履历背景、经验、客户评价等维度挑选出一批适合做管理咨询的咨询师组成团队，并对咨询师进行相关的培训，帮助咨询师更好地了解管理咨询的重点和注意事项。咨询师们会通

过咨询，帮助管理者识别员工的心理状态、找到与员工有效沟通的方法，促进员工适应职场、积极应对，从而提升团队的整体效率。

除了这类提升管理者管理技能的咨询外，杨培也遇到过因为管理工作压力大而变得抑郁的管理者个案。通过咨询，杨培看到了这位管理者认知层面的改变和重新构建，在工作中也越发如鱼得水，不仅在职场中更有了活力，还考取了工商管理硕士。从企业管理层面来看，这也是在帮助企业培养高级管理人才。

(三) 保障后方支持，让员工安心

在杨培看来，EAP 为员工家属提供咨询服务，对员工状态的提升也有明显效果。

特别是对于那些有孩子的员工来说，现在青少年的心理问题越来越受到关注，员工在教育孩子的问题上也存在许多焦虑和担忧。能与咨询师开展亲子教育相关的咨询，这件事情本身就能缓解员工的部分焦虑和担忧。对于员工来说，这就相当于公司帮助他们找到了优秀的家庭教育指导师，使他们能了解如何与孩子进行沟通交流，从而培养出心理更健康的孩子。孩子们也能和咨询师定期开展咨询，以更好地解决成长中的烦恼。

再如员工在一线城市工作，其父母在家乡生了病，于是员工便开始出现烦躁、焦虑等一系列问题。父母身心状态不佳，的确是一件令人非常担忧的事情。通过咨询，员工父母的负面情绪得到了缓解、精神状态也逐渐得到改变，员工也缓解了烦躁、焦虑等问题，从而可以将精力集中投入到工作中。

这些给到员工家属的咨询服务就像是给了员工强有力的后盾保障，帮助员工解决了家庭中的各项烦恼，员工自然能以更为饱满的状态应对工作。

(四) 增强员工与企业联结，提高企业效能

EAP 咨询，很多时候是连接企业和员工之间关系的纽带。

一方面，由于咨询的购买方是企业，当员工从咨询中受益后，他们会

非常感激企业给予的这项服务,这就能较好地改善和增强企业和员工之间的关系。

另一方面,当员工通过 EAP 咨询提升了工作动力、工作效率和工作状态,企业也能从中感受到 EAP 的价值,也就更愿意投入资源来推进 EAP 项目。

结语

杨培在中智 EAP 做咨询这么多年,亲眼见证了行业的茁壮发展。在未来,她也希望随着 EAP 的不断普及和传播,能让越来越多不同行业的企业和员工形成认知,使得更多的人能了解并主动运用这个工具。而她,则会继续保持对 EAP 的热爱,勤奋学习更多知识,努力成为一名优秀的咨询师,尽力陪伴更多来访者共同前行。

临"危"受命 咨询师中的特种兵

受访者简介

马竞文,美国雪城大学临床心理咨询硕士,拥有超过15年的咨询经验,累计有上千小时的咨询时数。她擅长情绪管理、人际交往、青少年、管理咨询及危机干预。2012年毕业回国后进入中智EAP工作,担任危机干预顾问及咨询顾问专家。

一、背景故事

提起马竞文,同事们都对她赞誉有加,尤其对她危机干预的能力更是赞不绝口。

和很多一毕业就进入中智EAP的同事一样,马竞文的EAP职业生涯也是从项目助理开始的。随后她又在专业上深度打磨,做了几年个案中心的管理工作。这之后,她初心如磐地专注于专业岗职,深耕咨询、培训、督导等领域,成为中智EAP企业危机干预的主要担当者。

十年间,前台、后台、管理等多个岗位的轮替,让她成为EAP的通才,也极大加强了她的专业能力和管理能力,这对她的职业发展帮助很大,也让她的"专才"之路变为可能。

相较于咨询、培训、督导等常规工作,危机干预有很大的特殊性、挑战性。它是随机发生的,理想状态下需要在48小时内赶到现场。除了对心理专业有较高要求外,危机干预顾问还需要对管理学、公关、法律、安全维稳、后勤保障,甚至殡葬事宜等方面均有所了解。当然,还需要有体力和自我调节心理的能力。所以,这是一个名副其实临"危"授命、纾困解难的工作,而危机干预顾问,也是咨询师中的特种兵。

二、EAP 的危机干预

在 EAP 的定义中,危机是指企业中发生的突发事件,包括自然灾难、事故、社会热点事件、生命剥夺、身心健康、组织变革和组织内恶性事件等,可能使员工、企业失控,产生可见或不可见的影响。

案例 1 某公司员工在出差途中意外猝死,公司立即联系中智 EAP,希望安排危机干预顾问尽快赶往现场开展工作。这时候危机干预顾问需要做以下工作。

(1) 陪伴家属度过这个最困难的阶段。

(2) 评估与该员工一起出差同事的状态,为其普及心理学知识,安抚其情绪。

(3) 给予企业处理事件团队相关建议。

(4) 根据现实情况,提供一对一或者一对多的心理咨询服务。

案例 2 某公司组织架构发生变动,需要和较多员工结束劳动合同。公司专门安排了一天,准备先向涉及组织架构调整的员工集体宣布架构变动,然后再和需要结束劳动合同的员工一一沟通补偿等事宜。公司联系中智 EAP,希望能够有顾问在现场进行支持。这时候危机干预顾问需要做以下工作。

(1) 按需为受影响的员工提供心理咨询,安抚其情绪。

(2) 按需为受影响的员工提供职业规划教练咨询,提出后续职业发展建议。

(3) 根据情况为与员工们进行沟通的 HR 群体提供情绪支持和沟通相关建议等。

三、特种人才的特别要求

从上述的案例可以看到,作为一个危机干预顾问,仅仅能够进行心理咨询是远远不够的,难以达到有效解决问题的预期目标。马竞文总结了一个合格危机干预顾问所需要具备的三大特质,分别是:

（一）较强的评估能力

较强的评估能力包括事件本身影响力的评估、事件主体个人的心理状态评估、事件主体个人或者家属的心理诉求评估，以及整个公司不同个体因事件受到情绪冲击的评估。

（二）灵活的应变能力

在危机现场，经常会被问："现在能不能这么做？现在这么说合不合适？怎么说才能不刺激到对方？接下来该怎么办？"这就需要危机顾问基于对事件整体准确的评估，快速给到决策。

危机干预顾问的角色绝对不光是进行心理咨询，而是对整个局面进行观察，用理性的头脑进行快速决断，应对多方面的不同需求。

（三）稳定的自身情绪

危机处理，不但要去危机现场，可能还要去诸如殡仪馆等地，要去见当事人的父母、配偶、孩子，还要和慌张的 HR 对接，很容易受到冲击。所以危机干预顾问自身心理稳定，是一项必备的要素。

如果想做危机干预顾问，可以问一下自己是否能做到以下三点。

（1）能对外输出有用信息，给予有价值和有意义的专业意见和建议。

（2）在危机当中，能够安抚好各方相关人员，控制住局面，以避免危机外溢和失控。

（3）管理好自己，且在危机处理完成后，能身心健康地全身而退。

工作难点多，素养要求高，想成为个中好手的确很难，所以并不是所有咨询师都有能力或愿意做危机干预。在日常管理中，当问到咨询师愿不愿意接危机干预时，很多非常有经验的咨询师都明确表示不愿意。不做的原因，基本是"压力太大"。有些咨询师反馈，做完危机干预，自己情绪冲击很大，觉得很累，要很久才能缓解。还有一些咨询师虽然愿意接危机干预，但会有些限制条件，如认为自己可以和员工沟通，但不能有效地和家属进行沟通。

所以马竞文认为，在行业完善和发展的过程中，需要加强培养危机干预方向的咨询师，以便让危机干预顾问这个特种部队逐渐强大起来，让这类特殊人才不再那么难寻觅。

四、最能体现 EAP 价值的咨询服务

拥有"特种兵"美誉的危机干预顾问，对 EAP 来说价值非常大，这不仅体现在他们能在危机中帮助客户排忧解难，还体现在他们对于 EAP 推广和传播的价值上。

EAP 的核心服务是咨询，但一般的咨询服务是看不见、摸不着的，效果也不易体现。虽然也有咨询率这样的数字反馈，但具体做了什么，除了咨询师与来访者，企业并不清晰，也很难衡量。而危机干预，是在危机现场处理问题，平时看不见、摸不着的咨询服务被直观地展现出来，它的作用、成效、价值也是企业的 HR、管理者当场就能直接看到和感受到的。

也就是说，在平时 EAP 就是个普通福利，是锦上添花。但当危机来临时，遇到了棘手但企业又不一定能处理好的问题时，有深厚扎实专业知识的危机干预顾问，就能快速并专业地帮助他们解决难题。这时，EAP 通过危机干预，成为 HR、管理者的工具和抓手，它的价值就会被极大地放大。而这种价值，在企业的员工越来越多、出现特殊个案的比例越来越高的当下，尤其凸显。

因此，危机干预"雪中送炭"的特质，能显现出 EAP 更高的价值。

另外，危机干预顾问能够有效地帮助企业解决危机，对 EAP 项目的推进也会产生很大的正面影响。如在危机事件中，当危机干预做得足够好，企业能够和家属较快、较好地达成共识，对内对外，既能体现公司对员工的重视，又能减少经历危机的员工、HR、管理者等后续产生心理风险的可能性。这些显性可见的效果，对于企业内部进一步看到 EAP 的价值都有很好的促进作用。

马竞文说，虽然市场知道危机干预顾问很重要，且对 EAP 的推广和传播很有价值，但行业里对它的定义却不太一样，称谓也各不相同，如危机管理顾问、危机干预顾问、危机咨询顾问等。如果去问一般的咨询师，他们会认为所谓"做危机干预"，就是去给经历危机的人进行心理咨询。

实际上各种称谓的内涵和外延是不同的，也是完全不同性质的处理方式。企业危机干预，更多需要的是处理现场各种事件和应对危机的能力。

马竞文表示，虽然危机干预顾问人数少，但在 EAP 行业里危机干预做得好的咨询师基本上都是比较顶尖的咨询师。他们咨询也能做得好，培训也能做得很好，真的是很有特种部队战斗员的特质。

马竞文希望有更多的咨询师了解"企业危机干预"是什么、怎么做，也希望这个特殊的工作能被更科学地定义和普及，以便有更多的后备人才涌现。

结语

从加入中智 EAP 到现在，马竞文一直秉持的理念就是坚持以专业为前提的商业化发展，这也是她一直留在中智 EAP 的一个原因。

她希望自己初心如磐，笃行致远。在专业上更加深入，更加精进，能够成为一个好的督导，给内部员工、外部咨询师还有来中智 EAP 实习的学生更好的督导，能让更多的人更接地气地了解心理学和心理咨询，以及危机干预。

优秀的内部培训师 EAP 的专业担当

受访者简介

俞艳妮,毕业于南京大学应用心理学专业,2021 年加入中智 EAP,担任内部培训师。她曾多次前往海外进修、培训,接受过系统的精神分析、人本主义治疗训练,以及危机干预、焦点解决短程治疗等心理咨询技术培训,是国内职场心理学领域的资深专家。拥有 10 年以上的职场心理培训经验,培训场次 500 余场,累计培训千余小时。擅长洞察学员心理,解决学员问题,曾为多家世界 500 强企业定制系统性心理培训内容。

一、背景故事

俞艳妮在成为中智 EAP 的内部培训师之前,已经成长为一位成熟且颇受好评的培训师。在她 500 余场的培训中,有过各种奇妙的体验,如在南美洲条件艰苦的油田上,由于暴雨导致教室突然停电,不仅电脑和投影失灵了,就连照明的灯光也熄灭了。在一片漆黑中,学员们自发地打开手机的手电筒,点点光亮瞬间帮助她淡定下来,抛开 PPT 以更鲜活的方式讲完了课程,这样的"突发事故"反而给学员们带来了更深的感触和收获。

即使作为一名成熟的培训师,俞艳妮也并不总是能收到正向反馈。

有一次,她去给一个航空公司地面服务部门讲运用心理学技术跟旅客沟通的课程。讲完后,当地管理者对她说,虽然她讲得很有道理,但现实工作中不一定用得上。俞艳妮很受打击,从职业价值感上说,一个培训师总希望自己讲出来的内容是有用的。被人直言不讳地指出培训内容实用性差,让她感到挫败,但她更想了解其中的原因。

管理者实言相告:处理旅客问题的时候,应对方式需要根据实际情况做出调整。如在飞机延误的情况下，可能会出现个别旅客情绪激动甚至辱骂殴打工作人员的情况。这种情况下，员工首先要做的是自我保护，而不是一味按常规讲道理，以防止矛盾激化导致意外事件发生。所以，他们一般会让年轻力壮的小伙子去公布飞机延误消息，这样旅客闹事或发生肢体冲突的概率就会大大下降；如果遇到更严重的情况，会请机场民警一起去宣布消息。

俞艳妮听到这些非常实用的处理问题的方式方法后很有感触，认识到任何脱离实际的培训对于企业和员工来说，都只是短暂的热烈，缺乏实用价值。如果大家都觉得培训对实际工作生活帮助不大，客户就很难认同 EAP 项目，最终会影响项目推进。

正是有了这样一些经历，俞艳妮在每次备课时都会问自己：我讲的这些内容真的能帮助员工吗？这些讲课话术是否符合实际应用场景？能否把一些深奥的心理学专业知识转变为实用好记易掌握的方法窍门？在中智 EAP 服务客户期间，无论是为外卖小哥、快递员、制造工人，还是为金融投资人士、医药代表、互联网客服讲课，俞艳妮都会努力地通过观察和访谈深入了解客户场景，并将心理学知识与之糅合，努力做到在培训中传播"有道理并且有用"的知识给员工。中智 EAP 就是这样一直秉承着不断满足甚至超越客户需求的精神，促使这些需要额外花费时间精力的努力得到客户的认可。

二、内部培训师，培训师中的珍稀品类

俞艳妮任职过两家 EAP 服务商，她从培训专员做起，经过初级培训师、高级培训师，一路成长为培训专家。进入中智 EAP 后，她的岗位职责更加综合，除了做培训外，还会参与项目的方案设计、招投标、培训产品开发等工作，从单纯做好培训，转化为售前、售后全面参与的综合顾问。在中智 EAP 的工作，她在个人能力上不断突破，在职业发展上有了更大的空间。

EAP 培训师是为企业员工和管理者做培训类服务输出的岗位，基于是否全职在某家 EAP 服务商工作分为内部培训师和外部培训师两种。

　　俞艳妮认为,内、外培训师除了雇佣关系不同外,最大的区别在于 EAP 项目的参与深度。外部培训师一般都有基于自己固有知识体系和授课方法的标准化课程产品,虽然优秀的外部培训师会针对具体的培训需求做调整,但花费更少的精力获得一门课程的基本满意和相应的个人酬劳是大部分外部培训师的工作策略。至于每次培训的产生背景,对项目的意义和培训可以带来的附加价值,是外部培训师较少关心的。

　　内部培训师则不同。作为 EAP 服务的重要输出人员,内部培训师是和项目经理一起协同工作的。即使是最常规的培训,不光要做标准化课程的讲授,还需要在不同的项目中深入挖掘客户的背景和需求,与客户探讨适合的培训主题、形式、内容以及要达成的效果。面对更复杂、更高标准或对项目意义更重大的培训需求,定制化地设计培训内容、形式和达成效果,最终高质量地输出培训服务。其中,往往还需要完成前期的测评或访谈,中期的内容优化调整,后期的复盘总结以及产品系列化、体系化等工作。这需要培训师投入数倍的时间和精力,并且长期密切地与项目经理、客户保持互动。

　　除此之外,一些在特殊场景、为特定人群或因特别原因产生的培训,则需要培训内容具有极高的保密性,或与客户共享版权。在保密性上,由于雇佣关系的不同,内部培训师也往往更加稳妥可靠。

　　再者,内部培训师可以在完成培训的前后过程中,有意识地通过与项目对接人或管理者进行深度交谈,帮助项目实现增进与客户的黏着度或认可度的目标。良好的交流过程也可以在一些关键的项目节点上(如项目续约前)起到积极作用。

　　虽然内部培训师具有以上种种优势,但在中国,EAP 服务商内部培训师的数量远远小于外部培训师。

　　在俞艳妮看来,造成这种现象的原因主要有以下两个方面。

　　一方面,培训这种服务一般在客户公司或者线上进行,时间地点比较灵活,同时又具有计划性,大部分常规培训客户的主要需求是现场效果好和员工满意度高,培训师是否是 EAP 服务商的全职员工并不对服务的完成产生多大影响,外部培训师完全可以满足大部分的培训需求。

另一方面，企业对培训的需求往往是多样化的，EAP 服务商需要不断提供贴近时代变化的新颖的主题、内容、授课形式和授课风格来满足企业的需求，以签约的方式和外部培训师合作，建立庞大的师资库，可以更大程度上丰富以上的选择。

内部培训师虽然数量少，但对中国 EAP 20 余年的发展历程起着不可替代的推动作用。

第一，在 EAP 发展初期，很多 EAP 服务商的体量很小，员工数量不多，每一位员工往往身兼数职。一位内部培训师可能同时也是内部咨询师、项目经理甚至销售。一人多职、一专多能，让内部培训师不仅具有全面的专业知识，更对客户的需求甚至整个 EAP 市场的动态都有着更深入的了解和更精准的把握。若将这两者结合起来，并通过每一次和客户的沟通，便可能帮助对方建立对 EAP 从 0 到 1 的认识，推动客户认可乃至采购 EAP 项目。如原本客户可能只是想采购一场《压力管理》的员工培训，通过和内部培训师的前期沟通、课程落地、后期反馈等方式，逐渐建立对 EAP 的初步认识，意识到 EAP 项目的价值，最终选择采买更多项目。

第二，时至今日，尽管 EAP 已经在中国扎根了 20 余年，但依然只是少数企业的选择。即便企业采购了 EAP，使用咨询服务的员工数量比例也不高，国际上，EAP 咨询的使用率通常为 5%～15%。让更多人认识和接纳 EAP 仍然是这个行业任重而道远的工作。内部培训师较外部培训师会更有意识地宣传 EAP 项目，无论是在培训过程中，还是在培训前后的交流中。这对于提升员工对 EAP 的知晓度和使用率，以及管理者对 EAP 的接纳和认可都有着切实的推动作用。

第三，近年来，越来越多采买 EAP 的"老客户"会对项目提出更高的要求，希望 EAP 能为员工带来新鲜的体验和成效，或者更加深入的定制化服务，这往往是项目续签时的重要需求。就像在前文中提到的那样，内部培训师对项目的参与程度更深，可以更有效地通过客户员工的咨询情况和以往的培训情况，不断开发出新的符合客户需求的培训产品。

三、不是谁都能成为内部培训师

在 EAP 行业工作的十多年里,俞艳妮留意到身边很多人都想成为内部培训师,以专家形象传授知识,受到社会的尊重和认可。但整个 EAP 行业中,培训师数量是远远少于咨询师的,优秀的培训师更是稀缺。

很多有多年从业经验的咨询师或项目经理,在尝试成为培训师的过程中,或是难以接受自己不完美的培训演讲表现,或是承受不了各种质疑和现场压力,都知难而退了。EAP 服务商也常常希望从内部各岗位中培养一些未来内部培训师人才,但发现成功率较低。

成为一名优秀的培训师并没那么容易。俞艳妮认为,优秀的内部培训师对个人素质和能力有着很高的要求。

(一) 具有责任感和主动性

所有的培训师都需要有很好的表达能力、沟通能力,这是基本的职业素养,但对于内部培训师来讲,还要有强烈的工作主动性和积极性。好的内部培训师通常都会有内在驱动力,推动自己去主动学习并积极与客户沟通,以研发出更新的、符合客户需求的培训产品。这一过程需要付出很多艰辛,且不一定时时能有产出或被认可,这也就要求内部培训师需要具有宽广的胸襟及自我反省能力来应对这些挑战。

(二) 要有创新精神,不断改善自己的课程

培训做久了,每个培训师都会有经典课程和固有的授课方式。但内部培训师需要不断打破自己固有的授课内容和方式,去应对整个 EAP 行业的发展以及客户千变万化的需求。内部培训师需要肩负创新的责任,主动保持不断创新,让客户不会觉得一成不变,也让员工保持持续的兴趣。

俞艳妮总结说,培训中的创新可以从以下两方面入手:

一是培训内容上的创新。在培训主题上,要多听取客户的想法和意见。有的时候客户提出的主题,如 HR 如何调解矛盾、

党建工作怎么更好地开展等，看上去好像跟 EAP 没有关系，但只要愿意思考和研究，就会发现完全可以从心理学的角度做一些交叉领域的结合。同时，还可以研发出一些更有价值的培训内容，帮助客户解决具体问题。

二是培训形式上的创新。传统的培训形式一般为讲课或者工作坊、团体辅导等，学员坐着听课，形式比较枯燥。现在有很多培训师开始使用心理剧、卡牌、游戏等方式，辅助进行培训。只要客户条件允许，用较为活泼的方式进行培训，员工会更有兴趣参与其中，也能收获一种新鲜的体验。

俞艳妮认为，创新过程中，EAP 服务商的组织氛围和团队成员能给予很好的帮助。如在中智 EAP，内部培训师是与项目经理一起工作的，所以会经常一起探讨和交流一些新的想法和灵感，然后尝试着和客户交流可行性。中智 EAP 非常提倡创新精神，从而推动了很多新产品的出现。

四、如何成为优秀的内部培训师

想要成为更优秀的内部培训师，需要克服三重困难。

一是客户需求把握难。很多时候客户的培训需求非常模糊，一方面，培训的目的、目标、背景信息、所需内容等都相当笼统甚至模糊，有时候还会因为对接人对上层管理者意图了解不够，产生信息差；另一方面，在培训形式和讲授方法上，需求也不清晰。不少项目对接人只会要求互动多些、内容要吸引人，但具体希望该怎么做，就需要不断去与他们讨论。作为内部培训师，就要在与客户沟通的过程中，不断引导和推进客户去思考和确认需求，有时需要把客户抽象的或天马行空的想法和 EAP 培训可实现的内容和效果有效地结合，并与客户达成一致。

二是确认内容难。有些客户对内容把控度很高甚至有着非常细致的个人想法，但这些设想可能并不适合在本次培训中输出，或是对培训师的个人发挥有着极大的挑战。这就需要培训师在课前与客户反复沟通（又称为磨课），最终实现平衡双方需求的方案，这是一个很有难度的工作过程。俞艳妮至今还记得最难的一次磨课差不多磨了一个多月,每周给客户提交至少一版方案,提交后也不断有大的改动。最终定稿后也只是完成了一场 2 小时的培训,但前期开会沟通就足有 7～8 个小时。虽然辛苦,但这一过程使内部培训师对客户群体的认识和对项目对接人的关系建立都有着很好的帮助。

三是现场应变难。在培训实施时,培训师需要随时观察员工、培训的组织者以及管理者的反应,在现场(如中场休息期间)适当做一些沟通和反馈收集,并在培训中做出灵活调整,如增加大家感兴趣的部分,减少不需要的部分内容等等。这种临场的关注和调整,需要花费更多精力,并对个人知识储备以及演讲能力都有很大的挑战。

总结下来,虽然难点颇多,但俞艳妮认为这正是内部培训师专业知识不断精湛、实操能力不断提升的"磨刀石",能帮助内部培训师不断积累知识和经验,逐渐成长为一名优秀的内部培训师。

结语

反观自身,从业十余年的俞艳妮依然保持着对 EAP、对培训师职业的热爱。她认为能够做自己热爱并且擅长的事情非常幸运,正因如此,她才能更有动力去钻研,去克服工作中的困难。

多年的培训生涯中,她始终坚持培训不应该仅是走个过场,也不应该只是一时热闹,而是要基于需求达到预期效果,满足企业组织培训和员工参与培训不同视角的需求。

她认为,尽管 EAP 在中国走过了 20 余年的历程,但依然是个朝阳行业。在未来,EAP 会被越来越多的企业和员工接纳与认可,助力企业构建企业氛围和文化,一直陪伴着企业和员工。

她本人则希望能够伴随着行业一起成长,成为一位在行业中受人尊敬、受客户认可的培训专家。

相互成就 18 年 共建员工心理安全网

受访者简介

张敏,中国联合工程有限公司人力资源部(党委组织部)部长。

EAP 进入中国也就 20 多年的时间,但有家企业却已经与它相伴长跑、相互成就了 18 年。这家企业就是中国联合工程有限公司(以下简称"中国联合"),它是中智 EAP 合作的首家国企,也是合作最久的企业。一起跟着张敏重回 18 年前,看中国联合如何引入 EAP,又如何 18 年如一日地运用 EAP 编织员工心理安全网。

一、18 年 EAP 之路:长期坚持,久久为功

(一) 选择中智 EAP 的缘由

2001 年,机械工业第二设计研究院联合其他几家设计研究院,重组成立了中国联合。重组往往意味着调整和变化。从"设计院"向"工程公司"的业务转型,亟须员工提高自身专业能力。与此同时,外部人才竞争加剧,优秀人才也在不断流失,一时间人心浮动。中国联合开始思考,如何化解和管控企业与员工的健康风险,缓解员工在转型中产生的各种情绪。

2004 年前后发生的两个突发事件,加速了中国联合行动的脚步。

第一个突发事件与 2004 年那场东南亚印尼海啸有关。当时,19 名中国联合海外员工经历了这场灾难,虽然最终都平安归来,但灾后情绪却难以化解。

第二个突发事件是一名患有抑郁症的员工发生了意外。当时,中国联合的员工都在同一片区域工作和生活,信息传播速度极快,给住在一起的员工和家属们带来了不少情绪冲击。

适逢其时,中智 EAP 在 2005 年于杭州举办了一场公开课。中国联合当时的人力资源部长曾在香港接受过 EAP 服务,对 EAP 有一定了解。当他发现杭州也有相关服务时,便决定参与这门公开课。

之后,中国联合就参考世界劳工组织对 EAP 项目的服务标准及体系的要求,去杭州、上海等地对 EAP 服务商做了实地考察。

中国联合最终选定了中智 EAP 作为员工心理健康服务的服务商,原因主要有以下两点。

1. 站在员工的角度选择 EAP 服务商

18 年前,"心理健康"这一概念还未被普及,了解 EAP 服务的人少之又少,员工容易产生"用了咨询,是不是就代表我有病"之类的想法,变得不敢使用服务。而第三方 EAP 服务商则会强调 EAP 是帮助宣泄情绪、提升绩效、提高生活质量的心理支持服务,这样的宣传能让员工更容易接受并使用咨询,实现健康工作、健康生活。

2. 选择适合中国特色管理模式的 EAP 服务商

中智 EAP 既坚持贯彻国际 EAP 标准的基础,又注重对原有的 EAP 服务凝练升级,使服务更贴近中国特色。这种"接地气"的服务能有效向员工传达企业对员工的关爱,提高员工幸福感和安全感。

这一选定就是 18 年。18 年间,EAP 项目像定海神针般牢牢扎根在中国联合内部,和中国联合互相成就、共同成长。

(二) 先进单位的荣誉与 EAP 息息相关

截至 2022 年,中国联合连续 16 年荣膺"国机集团先进单位",是国机集团系统里唯一接连获此荣誉的企业。

张敏认为,这份荣誉的获得与 EAP 息息相关,主要体现在以下两个方面。

1. EAP 补充了中国联合的员工保障体系

中国联合一直坚持"以人为本"的核心价值观,愿意给员工尽可能多的资源,帮助他们实现人生价值,创造幸福生活。EAP 的引入,使得中国联合的员工保障体系不再局限于健康层面,让员工获得了身心双重保障。

从日常宣教到咨询热线，多样化的服务给予员工放心、专业、安全的帮助，成功为员工编织起了心理安全网。

2. EAP 树立了中国联合管理的风向标

中智 EAP 会定期提供半年报和年报，将不涉及员工隐私但对管理决策有帮助的情况和进展进行汇报。这能帮助中国联合更好地了解员工整体状况，以及需要重点关注的问题和风险。经过长年积累，这些数据报告逐渐反映出中国联合员工多年来的心理健康发展趋势。当某个阶段的数据出现异常时，中国联合就能结合先前数据，及时改进管理、做好预防应对工作。

二、知易行难，长久坚持 EAP 的三大秘诀

张敏认为，EAP 项目长期坚持才有长效，时间越长，黏度就越高，对企业的参考价值就越大。相信很多人都认同这个理念，但知易行难。在中国，能够坚持 18 年不中断推行 EAP 的企业仍属少见。

那么中国联合是如何做到的？张敏给出了三个关键词：企业文化、群众基础和互动沟通。

（一）企业文化

中国联合"以人为本"的企业文化为 EAP 项目提供了良性发展、延续的土壤。"一切为了员工，一切依靠员工"的理念促使中国联合形成了上下一心的良性推动力。执行人员对 EAP 项目的持续跟踪和及时汇报，高层管理者对项目真实情况的精准把握，都在确保项目的可持续发展。18 年来，无论变换过多少任领导、多少执行人员，中国联合都非常重视 EAP 项目，将其融入了中国联合的血液中。

（二）群众基础

在中国联合看来，"群众基础"是 EAP 项目存在的前提。从 2005 年前后大家对 EAP 项目的不了解，到如今对项目的拥护和支持，这样的转变离不开中国联合对 EAP 项目的诠释："心理咨询就是走廊边的饮水机，

口渴就可以喝一口,而不是药"。多年的持续宣传降低了心理咨询的敏感度,让员工知道寻求 EAP 帮助是正常的事:有需求的群体能通过咨询帮助自己,暂时没有需求的群体能通过 EAP 了解心理学知识、知道自己何时需要寻求心理援助。当员工都知道、接受、需要 EAP 时,"群众基础"就扎实了,项目也就能持续运作了。

(三) 互动沟通

对于 EAP 项目来说,企业与服务商之间定期、及时的互动和沟通是双方保持长久、稳定合作的关键。除了日常的项目汇报,在发生突发事件时,中智 EAP 也会为中国联合开展专项服务。例如全球突发的公共卫生事件,使得企业员工无法正常探亲,中国联合就此开展了一系列培训和定向咨询服务。此外,中智 EAP 还将更新迭代的新产品及时告知中国联合,在不断的反馈和沟通中逐步提高服务质量。

三、从员工视角出发,做员工需要的 EAP

EAP 服务的最终使用者是员工。基于此,中国联合提出了三个运营基本点,以制订符合员工需求的 EAP 服务。

(一) 多对象覆盖

中国联合的 EAP 热线不仅提供给员工,也提供给直系亲属。安抚好员工家属,也是在为员工铸牢坚实后盾。另外,中国联合还为管理者提供经理热线,帮助管理者处理工作中遇到的问题,提高自身管理能力和对团队问题的甄别能力,提前防范风险。

(二) 明暗线并驾齐驱

中国联合将 EAP 服务分为明线和暗线。咨询服务是一条暗线,管理者平时并不会接触到,但对员工却非常有帮助。而日常的培训、电子快报、贺卡等宣发则是一条明线,通过线上下相结合的方式在内部不断传播,帮助大家正确认识和关注心理健康。除了这类宣传,中国联合还会在新员工入职培训中，将 EAP 作为一项单独的内容进行宣教，让大家认识 EAP 这项基本服务。

（三）激发员工兴趣

中国联合会根据员工的需求，邀请中智 EAP 各领域的专家，安排诸如亲子关系、情绪、沟通等主题课程。中国联合的培训强调"学—做—说"三步：学习心理学知识、实操演练技能和分享感受。这能有效帮助员工了解心理学专业知识并应用于自我关爱中。

在谈及给到其他企业引入 EAP 的建议时，张敏表示，企业不能太功利地看待 EAP，指望借此解决所有问题。EAP 不是一年两年的事，企业应该更具包容性，树立长期坚持的服务意识，一任接着一任，为员工的心理健康服务。就像中国联合，哪怕已经引入 EAP 18 年，依然还有员工并不了解 EAP。由此可见，EAP 的科普宣教之路仍任重而道远。

2023 年，中国联合已经成立 70 年了，未来还会有更多的 70 年。中国联合期待未来能与中智 EAP 继续合作，用基于科技、创新、与时俱进的 EAP，让企业受益！

成功实施 EAP 项目的关键：
产品市场化

受访者简介

郑丽丽，曾任职于某时装零售巨头大中华区人力资源副总裁。她开展 EAP 项目的时间虽不长，但从她对 EAP 的理解、引入、宣传和实施过程中，我们能感受到她身上那种发自内心关爱员工、重视员工、尊重员工的信念感。这种信念感令人动容，也带给了我们不少启发性的思考。

一、开展 EAP 的契机和初衷

郑丽丽与 EAP 的缘分起源于 2020 年初。那一年，面对突发的全球公共卫生事件，郑丽丽所在公司的 HR 部门第一时间成立公共卫生应急小组，除采购防疫用品以保障员工需求之外，为员工提供一对一的关爱与沟通，缓解员工的恐慌与焦虑情绪。2020 上半年的员工关爱工作卓有成效，使员工较好地度过这一特殊时期。

2020 年 6 月，郑丽丽所在企业做出一个全球性的重大战略决策，决定在 2020 年内将全面撤出旗下几个品牌在中国市场的全部门店。当时这一决策调整也给企业内部带来极大挑战：怎样将信息传递给员工、市场和政府部门？如何妥善地安置所有店铺员工？在全球公共卫生事件的大背景下，对于重大决策调整也需要相应的特殊解决方案。

HR 部门的工作不再是简单地对员工进行安置，更需要将这份工作视为公关工作，做好有效的策略、全面的流程和万全的预案，以最大限度地减少对员工的影响和对雇主品牌的影响甚至是对于品牌自身的影响。为此，HR 部门设计了员工关爱和帮扶的解决方案，包括内部转岗、转岗培训、优化政策、外部推荐、外部就业指导和工作机会推荐等一系列的举措。郑丽丽认为，这些虽然能很好地支持到员工，但是面对突如其来的全球公共卫生事件带给人们的焦虑以及突如其来的职业变化带来的恐慌，更应该考虑到员工的心理疏通和心理辅导，而这个心理层面的专业支持至关重要！于是，郑丽丽及团队便一致地想到了 EAP。

对于企业而言，EAP 是一个有些"奢侈"的产品，但郑丽丽觉得，在特殊事件下，EAP 是一个非常有效的强心剂，是一个必须购买的产品。

为了说服总裁购买这个"奢侈品"，郑丽丽给出了以下购买理由。

第一，响应政府号召，提升员工心理支持，为员工的职业健康发展持续助力；

第二，加强对员工的人文关怀，打造健康与关爱的品牌形象，提升雇主品牌影响力。

在沟通过程中，总裁毫不犹豫地表示："一定要买，哪怕最后只有一个员工受益，我们也觉得这个产品值得。"这与郑丽丽的理念不谋而合，HR 部门立即开展引入 EAP 服务。

二、结合企业特定需求，给 HR 一个战略合作伙伴

在确定员工关爱和帮扶的解决方案之后，下一步就是寻找适合的合作伙伴，能够为员工的心理关怀提供更专业和坚实的支持。郑丽丽提到，在选择 EAP 服务商时，主要关注三个关键点。

(一) 贴合企业情况的解决方案

在特殊事件的解决过程中，针对企业具体情况的特定方案是必要的。HR 作为主导者，要找到一个合拍的战略合作伙伴，不仅仅是完成双方制定的销售任务，而是能够深入了解企业的内部情况及特点，根据企业的具体情况和组织变革需求，不断磨合、调整，制定并执行切实有效的解决方案。

(二) 定制化的灵活方案

服务商可以提供的产品种类可能是众多的，但并非所有产品都是每

个企业需要的。相比于统一的产品服务,企业更需要的是差异化、针对化的服务设计,根据企业自身的需要,提供更加定制化、灵活性的服务。

（三）对专业性的关注

除 HR 部门现有的员工关爱工作之外,企业也希望找到合适的顾问和专家团队,能够给工作带来更多专业化的建议,补充和完善 HR 部门未能考虑和实现的方面。

多方对比后,郑丽丽最终选择了中智 EAP 成为合作伙伴。中智 EAP 在 EAP 领域非常专业,后来事实证明也确实如此。

三、成功实施 EAP 项目的关键：产品市场化

总结自身 7 年在传媒娱乐集团做 HR 的职业经历,郑丽丽注意到,宣传策划在产品推广方面的影响力是巨大的。不管是培训产品、关爱产品还是员工活动,核心关键点在于产品市场化,即在了解使用者群体特点的基础上,针对性地进行产品宣传及策划。

基于这样的想法,郑丽丽团队和中智 EAP 首先对员工群体进行用户分析：整体年轻化、追求个性、思想早熟但心理承受能力不强、勇于接受挑战与无法承受挫折并存、不轻易接受结论、情绪化、自认很健康、对心理咨询的认知尚存在误区……根据这份用户分析,HR 部门对产品的宣传方案定位为：**改变认知,专注于产品本身的宣传**。

中智 EAP 制作 EAP 项目介绍的手卡、内宣等形式给到 HR 部门及用人部门的负责人,对于如员工入职、离职、遇到难以疏解情绪问题等情况,中智 EAP 会温馨地给予相关的 EAP 宣传,让员工感受到关爱。

这种传统的 EAP 产品推广方式,仅仅靠 HR 部门及用人部门负责人的宣传是不够的。在使用产品之后,内部员工身体力行地推荐或许能有更突出的效果。基于这样的考虑,HR 部门在内部选定一个年轻、阳光、帅气的大男孩作为产品代言人,他是 EAP 心理咨询热线服务产品的坚实用户,信任且感恩心理咨询热线的帮助,由他向企业内部的其他员工讲出他对 EAP 这个产品的理解。现在,这个大男孩成为企业对心理咨询热线

服务产品宣传的重要代言人，将他的形象制作成插画形式，每个月做一期推荐，向企业内更多的员工进行宣传和推广。对于年轻的员工而言，这样的宣传方式既好玩又新颖，接受度很高，最后证明在企业内部的宣传效果确实很好。

四、历经两年推广和应用，EAP 产品服务效果显著

由于企业下属店铺分布在全国不同城市，心理咨询热线服务产品的宣传也就变得颇具挑战性，需要通过不同的渠道来传递给所有员工，让大家都能知道或使用这一福利，满足员工的需求。

从心理咨询热线的使用率来看，除了北上广这些心理咨询接受度较高、城市店铺数量较多的地区之外，四川、内蒙古、辽宁、江苏这些地区的员工对于心理咨询热线服务的使用时数也相当突出。在询问大家对心理咨询服务的评价时，员工普遍反馈心理咨询热线给自己的帮助很大，甚至有员工表示在自身有抑郁倾向的时候，热线"拉了自己一把"。这些数据和反馈都体现出心理咨询服务是真的带给了员工切实的帮助。

在此分享两个企业员工及其家属使用 EAP 服务的小故事。

故事 1 中智 EAP 发现一个员工有中风险的自杀倾向，并将信息反馈给企业，预警需要给予必要的关注。跟踪了解后发现这个员工当时已经离职，但企业认为，不管是在职员工还是离职员工，企业都有责任提供这些帮助，因此请咨询师继续与他保持联系，最后通过持续沟通解除了疑虑，成功消除了危机，将可能的风险扼杀在摇篮里。

故事 2 一个员工的孩子在国外上高中，受全球公共卫生事件影响无法正常回到国内，之后逐渐出现抑郁倾向。中智 EAP 的顾问在对孩子的状况进行评估后，为其找到了适合的国外的心理咨询师，与孩子建立了联系。有一天咨询师发现孩子出现自杀倾向，这对于家长而言是很担忧、很恐慌的情况。咨询师就一直和孩子及孩子的母亲保持沟通，了解孩子的实时动态。在持续的沟通过程中，咨询师一直给予陪伴和情绪支持，孩子的情绪渐渐平稳，并逐渐走出了抑郁的状态。

郑丽丽说，她之所以会自觉分享、宣传 EAP 这个产品，是因为她真的

相信 EAP 是有效果的。从这两个小故事中，我们也能感受到 EAP 带给员工的价值。

而 EAP 的受益者不仅仅是员工，企业也从中受益良多。与中智 EAP 合作期间，内外部员工在全球公共卫生事件期间都得到了妥善安置，员工都很感恩企业在此期间所做的所有关爱行为，市场上也没有出现企业的负面新闻。这无疑是一次成功的公关活动，真的为企业打造出了一个健康关爱的雇主品牌形象。

结语

在 2021 年合作快要到期之际，郑丽丽所在的企业决定将员工关爱服务进一步升级，从单一心理咨询热线进阶成完整 EAP，将 EAP、员工医疗保障和工作环境的健康与安全共同结合成一个大的员工关爱项目。郑丽丽相信，这样的服务升级不仅能帮助员工增强心理健康意识，帮助管理者了解更多关爱员工的技巧，还能帮助企业打造一个有吸引力、有关爱、有温度的雇主品牌形象。EAP 服务，不管对员工还是对企业来说，都是一个值得的产品！

中国医药行业 EAP 项目实战分享

受访者简介

何晓妹,某外企制药行业 HR 管理者,中智 EAP 与何晓妹的友谊开始于 2006 年,在那个大多数人还不知道 EAP 为何物的年代,我们如战友般相助前进,见证了在中国医药行业第一次全面实行 EAP 项目的全过程。

一、懵懂中领命,摸索中落地 EAP

2006 年,当时负责薪酬福利的何晓妹了解到公司希望研究一下 EAP 项目,如果可行,计划将其作为福利项目之一,以丰富员工的福利。

"接到任务时,EAP 对于我是个全新的概念。"何晓妹说,因为当时在国内心理咨询这个领域和服务不是很普及,即便是在比较重视员工福利的外企也很少有公司涉及。

何晓妹当时所供职的外资制药公司,是一家全球 500 强企业。公司非常关注员工成长与福利关爱,会积极引入西方先进、成熟的管理理念和方法在国内应用。公司引入 EAP 是在现有的福利基础上,增加员工在健康和关爱方面的福利,以支持员工追求健康以及更好地发展,同时也能帮助企业更好地留住员工。

经过一番学习和调研,何晓妹了解到 EAP 在发达国家的应用已经相当成熟。但在 2006 年,心理咨询在中国还是一个小众词汇,社会对它的认知还处于将其和心理疾病、精神疾病简单画等号的阶段。那个时候,尽管已经有一些先锋企业开始尝试在企业内引入并推广 EAP,但做法是将咨询地点设在医院。"去医院咨询心理问题",听上去就显得"生病了",陡增了员工和家属的使用顾虑,这就导致项目难以开展,咨询率差强人意。

面对这些社会认知和前辈们的失败尝试,何晓妹开始思考:到底怎么做,才能让大家接受 EAP,使用 EAP,真正发挥出 EAP 的价值?

带着这些思考和一系列的学习,她做了三件从结果来看非常"正确"的事情:

(1)她找了一位强有力的"外援"——专业从事 EAP 的服务商中智 EAP。她和 EAP 专家们一起,研究分析大众对于心理健康的认知,站在用户角度寻找破局之道。

(2)在 EAP 专家的建议下,匹配公司"以员工为中心"的关怀理念,从帮助员工追求更高生活质量的角度,确立 EAP 项目的定位、目标,界定好项目的性质。在她亲自起草的全员沟通信中,她将 EAP 项目界定在"福利"和"健康"领域,告诉大家:使用 EAP 不是生病了,而是为自己赋能,追求更健康的生活和工作,以保证长期健康的发展。

(3)采用国际通用的匿名心理咨询方式,提供线上、线下两种选择。

在专家的协助下,何晓妹帮助公司以正确的方式打开 EAP——非"就医",还保护隐私,并用多种方式向员工展开宣导,帮助大家消除偏见,正确认识并使用心理咨询。

这三件事,使得 EAP 项目在她的企业里顺利开局,员工陆续开始使用心理咨询热线,没过多久,员工咨询率就达到了国际标准范围(5%~15%)。

EAP 项目的顺利开展,也使得这家企业成为中国医药行业里第一家全面实施 EAP 项目的企业。开行业之风气,引来不少企业效仿,药企同行们纷纷来向她取经,引入 EAP 作为福利项目的实践,逐渐在中国的外企职场中兴起。

二、善用 EAP,让企业和员工能量加倍

EAP 项目开始运转后,何晓妹渐渐感受到 EAP 在企业中引发的化学反应。这些"化学反应",伴随着她在过去 16 年人力资源工作的不断深入,也体现了 EAP 在企业健康运营和员工发展中的价值。

EAP 不是一种与公司业绩和发展直接关联的福利，和冷冰冰的业绩指标相比，它会让员工感受到企业的温暖，会让员工拥有更加健康的身心，增加员工对于企业的信任，而这无疑又会提升工作效率和动力，从而推动业绩达成，让企业发展更加稳健。"

在何晓妹看来，EAP 就像是企业中润滑剂，平时看着无声无息，可有可无，但关键时刻却能起到意想不到的积极作用。在她多年负责 EAP 运行的过程中，有过太多 EAP 的闪光点，她挑选了两个记忆最深刻的故事，来展示 EAP 的价值。

故事 1 这件事发生在 EAP 项目开展两年后。那年年初，公司进行了组织架构调整，新的架构很快就高效运转起来，看起来一切都很顺利。但是一段时间后，何晓妹突然收到了中智 EAP 的反馈，"关于工作压力、婚姻和家庭方面的咨询量突然升高"，还问她"你们公司是不是最近有变化？"

出于职业的敏感，何晓妹意识到，这可能是组织架构调整产生的连锁反应，需要及时确认和调整。她说："我向公司业务管理层反馈了 EAP 咨询中发现的问题。经过一些调查，我们发现，引发这些咨询的原因，是在组织架构调整时，没有考虑到异地调动会对员工家庭生活造成的影响。基于这些判断，公司立刻调整了方案，对于已婚员工给予更多的关注和照顾，避免因为工作影响到员工的生活。"

经此一事，何晓妹深刻感受到，EAP 于人心处体察组织变革，可以起到效验以及保驾护航的效果。所有的变革都要靠人来完成，如果不能关照好人的需求，那变革的结果很可能不能达到预期。

故事 2 如果说第一个故事是 EAP 可以支持组织变革，那么第二个故事，就更令人震动，因为它和生命有关。

在接听一个员工的主动咨询中，中智 EAP 的专家发现他有严重的自杀倾向，可能会有生命危险。根据 EAP 对于危及生命的情况的做法和原则，中智 EAP 立即向何晓妹报备了这个情况。针对这位员工的情况，何晓妹和中智 EAP 的专家团队、员工的直属领导立即成立了紧急小组，从专业角度制定了一系列"暗中"支持措施，如通知家人关注，为她安排心理咨询师,在保护隐私的前提下,安排同事陪伴出差等。紧急小组成员则24小时保持手机开机状态,做到随时随地快速反应提供支持。

在大家的共同努力下,这位员工的心理问题得到缓解,逐渐回到了正常的生活和工作状态。员工复原了,大家也就放心了,何晓妹慢慢也就淡忘了这件事。多年后,在一次公司年会上,突然有一位容光满面的同事站在何晓妹的面前,问她是否还记得自己。原来,这就是当年那位同事,是这位同事的直属领导告知了当年大家一起帮助他的事情,所以借开会的机会特意前来致谢。何晓妹说:"看到这位同事阳光,多年都是业绩出色的销售明星,并且连续得到晋升和发展,特别为他感到欣慰。"

很多人听到这个故事时都会感动,会被那种用生命影响生命的力量所震撼,而类似这样的故事,在何晓妹的记忆库中还有很多。她说,当一个企业坚持发心,从关怀员工的角度去使用 EAP 时,就会发现 EAP 会形成一个正向循环的能量圈,让企业和员工相互影响,共生共赢。

三、高效开展 EAP 的两点经验

EAP 之于企业的能量和价值,确实不容小觑。但要想让 EAP 在企业中发挥良性作用,是要先将 EAP 以最佳的方式引入企业内。何晓妹复盘她这十几年在 EAP 方面的工作经历,分享了两条能为 HR 们指路、能让公司重视 EAP 以及让员工接受 EAP 的经验:

第一,要在战略层面确立 EAP 的项目定位和目的。要基于对公司发展战略和企业文化的了解,判断 EAP 在企业的哪些方面可以发挥作用。在企业所处的不同发展阶段,EAP 的服务范围、侧重点、方式方法也都不同。一定要在综合分析考量的基础上,制定一个对企业发展最有帮助的方案。

第二,要从员工视角出发制定落地方案。简单来说,就是从员工的角度,思考可能出现的问题,再用员工喜闻乐见的语言和方法去解决这些问题。说到底,背后的逻辑还是要以人为本,当你真的把员工放在第一位时,也就不需要担心项目的落地问题了。

何晓妹总结道："每个企业都有其特殊性，企业发展过程中遇到的问题也都不尽相同，但是用 EAP 服务企业发展的诉求是相通的。"她建议 HR 们从上述两点出发，在引入 EAP 时把基础夯实，才能让 EAP 成为企业的隐藏能量，即在企业需要的时候，发挥事半功倍的作用。

引入运营 EAP 项目的教科书式指南

受访者简介

陶琼,曾任职全球领先制药企业中国区 HSE 副总监。在企业内部负责 EAP 项目近 12 年,中智 EAP 见证了她从 EAP 小白进阶成为资深专家,她的故事堪称教科书级的 EAP 实践案例。

一、企业内部引入 EAP 项目的方式

2007 年,陶琼加入了新公司,负责 HSE 部门的管理工作。也就是在这一年,陶琼受邀参加中智 EAP 举办的中国 EAP 年会,这是她第一次了解到 EAP。这次活动就此开启了陶琼对 EAP 的探索。随着研究的深入,陶琼发现 EAP 不只是简单的心理咨询,它可以给员工个人和企业带来更深层次的增值服务。同时 EAP 也可以成为提升 HSE 管理工作的"突破口",是企业职业健康风险管理的辅助工具。

根据 2006 年员工聚焦调查和 2007 年企业安全健康环境风险评估结果,陶琼发现心理压力和身体健康已成为员工非常关注的问题。这也坚定了她引入 EAP 的信念,为此陶琼开始分三步逐渐达成引入 EAP 的工作。

(一) 了解员工心理健康的认知及需求

在员工聚焦调查和企业安全健康环境风险评估的基础上,陶琼在企业内部又做了一次"员工职业心理健康问卷调查"。调研结果显示,"保持良好的心理状态,对提高工作效率有促进作用",在公司内已经形成共识。"由公司为员工和直系亲属提供心理健康咨询类服务"的问题,有 61% 的

员工表示需要,27%的员工表示非常需要。这个调研结果也让陶琼看到了引入 EAP 项目的必要性。

(二) 找到业务部门与 EAP 的结合点及好处

2007 年,EAP 对大多数人来说都还是一个陌生的概念。陶琼意识到,必须让管理层和业务部门意识到健康风险管理的重要性,看到业务与 EAP 的结合点和好处,才可能让公司引入 EAP。

因为陶琼所在的 HSE 部门当时归属于人力资源部门,所以她构建了一个 EAP 项目融入 HSE 管理和 HR 管理的发展蓝图。

(1) 支持 HSE 管理,提升职业健康管理的水平,最大限度管控员工身心健康风险。

(2) 协助 HRBP,对问题员工、问题群体以及企业内部潜在的危机情况,及时提供辅导和援助,避免发生不必要的后果。

(3) 根据 EAP 年报以及服务中发现的问题以及员工和管理层关注的焦点问题,支持 HROD 和 HRER 为企业发展提出建设性的意见和建议,适时提供培训、辅导、危机干预。同时协助 HR 处理一些应激事件,为企业危机管理和事件管理提供辅助支持。

(4) EAP 项目作为员工福利的一部分,让员工和家属获益。

(三) 为项目实施准备好预算,获得项目审批

陶琼提前在公司启动下一年度预算时,为 EAP 项目申请费用。在项目审批的过程中,陶琼遇到了来自公司管理层对项目接受度的挑战。大老板拒签两次,她不气馁,应对有术。陶琼说,最关键的是准备工作必须做得非常细致和充分,才能在任何情况下,被任何老板提出挑战问题的时候,都可以有准确无误的数据和文件做支撑。当然,还有一个说服老板的绝招就是坚持!如果认定是一件对企业和员工都有益的好项目,即使被无数次拒绝,也一定要有耐心,争取最好的结果。当然,前提是要有幸与有智慧的老板合作!

二、EAP 项目持续开展近 12 年,她有做事的秘方

在陶琼的努力下,EAP 项目于 2009 年 2 月正式启动,中智 EAP 则作为服务商提供服务,双方的合作长达 11 年半之久。陶琼说,她之所以能如此长时间可持续发展 EAP 项目,有五个"格外关注"。

(一) 企业内部实施 EAP 的负责人要对 EAP 有足够的了解和认知

要有足够的热情去做 EAP 项目,而不是签了合同,就由 EAP 项目组来告诉负责人如何做,做什么,这样的合作会出现断层。

(二) 抓住每一个能让 EAP 发挥价值的时刻物尽其用

她说:"在企业和员工最需要我们的时候,及时提供危机干预、团队危机辅导、应激事件介入,避免和最大限度降低由此给企业、团队、个人以及家庭造成的影响,才是 EAP 项目能够得以持续开展的关键资本。"如员工或家属意外死亡、员工因个人原因有自杀或他杀倾向、因突发卫生事件或身体健康原因长期无法正常工作导致绩效无法完成引发的严重情绪问题等等。

(三) 让 EAP 与各业务、职能部门建立强联结,获得多方支持

按照陶琼所规划的 EAP 发展蓝图,她开始在内部推动 EAP 与各业务、职能部门之间的联结,让他们看到 EAP 的作用与重要性。当越来越多的人认识和使用 EAP,当 EAP 的专业服务惠及更多的个人并渗透到企业管理之中时,这些接受过 EAP 服务的人员也就自然成了 EAP 的最佳支持者和宣传者。

(四) 用好服务商,持续创新,提供丰富的 EAP 体验

再好的项目,如果不断重复也会失去吸引力。陶琼的经验是,EAP 项目组以及企业 EAP 管理者一定要通力合作,根据企业和员工需求,吸取外部最佳实践,每年都要给到大家不一样的 EAP 体验,让 EAP 项目在保持专业标准化服务的基础上不断推陈出新,保持项目的新鲜感。

（五）尽可能减少更换服务商的频率，保持项目的稳定性

由于 EAP 涉及心理健康和咨询的特殊性，每更换一次服务商，企业就要付出很多隐性成本，如宣传成本、培训成本等，还会对长期个案的员工产生影响（更换咨询师需重新建立信任），最重要的是项目数据和信息的不持续性。因此，要尽量保持项目的稳定性。

结语

回看过去十几年实践 EAP 项目的经历，最令陶琼骄傲的不是历经波折启动 EAP 项目，而是随着项目的实施和不断优化，HR 同事都看到了 EAP 项目给员工和企业带来的闪光点，离职的 HR 同事也都会在新公司积极推广 EAP 项目。她觉得自己仿佛点燃了一个 EAP 的火种，让它在更多的职场蔓延传递。

作为 EAP 行业发展的参与者和见证者，陶琼坦言，EAP 项目是一个滚雪球工程，企业用过后才会意识到它的重要性。就像买保险一样，可以通过项目大数据对潜在的风险进行预测，为应激事件提供危机干预，把重大意外事件发生的可能和损失降低到最低。EAP 可以助力 HSE 部门构建预防、改善、管控多举措共行的全面企业风险管理体系，打造健康的职业场所。

第三辑

研究分享篇

中国 EAP 的发展及行业壮大,离不开行业研究上的深入洞察、专业推动和趋势引领。正是行业研究的不断深入、聚焦、专业及体系化,才使得 EAP 概念在 20 年间在中国逐渐为公众所知晓并深入人心,EAP 应用不断具象化、场景化、数据化。中智 EAP 作为在行业内率先发起、并积极大胆开展研究尝试,较早聚焦各项 EAP 专项主题调查研究,终成开行业研究先河的本土 EAP 服务商,积累了众多研究项目和成果,也为中国 EAP 留下了弥足珍贵的重要研究史料。

本辑将着重展现中智 EAP 20 年间的研究内容、成果,以及历年企业员工心理健康大数据调研报告。

职业心理健康管理调查

一、研究档案

研究名称：企业员工职业心理健康管理调查报告

研究时间：2006—2008 年

（一）研究目的

从 1998 年前后进入中国，到 2006 年，EAP 在中国已经发展了近 10 个年头，但行业中仍未出现关于职业心理健康的专项调查报告。为此，连续三年，中智 EAP 联合中国健康型组织及 EAP 协会（筹）发起了《企业员工职业心理健康管理》调查，通过对中国不同城市、不同年龄、不同学历、不同职位的职场人士的职业心理健康调查，分析研究当下中国企业对员工心理健康关怀的水平及现状，了解中国职场人群对于"职业心理健康"的看法，结合员工在工作中获得心理健康相关福利的需求，以及企业实施相关福利的具体情况，为企业实施职业心理健康管理提供指导参考，以期让企业管理层率先关注并建立起"职业心理健康"意识，洞察到 EAP 对于人力资源管理的价值，从而打开 EAP 在中国难以普及的局面，推进行业发展。

（二）历史价值

该系列调研报告，是中智 EAP 在行业内率先发起的一次积极、大胆的尝试，也是中国 EAP 行业中较早聚焦"员工职业心理健康管理"调查研究，开行业研究之先河，有很强的行业指导意义，并在一定范围内引发了热议和效仿。

该系列调研报告，以具象的数据，为中国 EAP 从业者和企业管理者直观展现了职场人群心理健康状况，更新了认知，启迪了思考，让大家意识到心理健康对于激发个体和企业活力的重要性，开拓了行业和企业提供员工心理健康关怀的新思路。

作为行业中较早从员工心理关怀角度切入企业管理的市场调研报告，它向具有前瞻员工关怀意识和理念的企业及管理者，展示出了 EAP 对于提升企业管理的潜能，在中国 EAP 发展的早期阶段，对于促进心理健康意识普及、探索 EAP 本土化服务模式，具有不可估量的价值。不仅如此，中智 EAP 持续三年的调研，也为 EAP 行业留下了初始阶段的重要史料，具有重大的意义。

二、研究源起

中智 EAP 成立于 2002 年，是国内较早投身 EAP 事业的专业服务商。在那个艰难拓荒的年代，大众心理健康意识薄弱，尚未形成关注心理健康的社会氛围，大多数人还处于将心理咨询和"精神有问题"画等号的阶段，有心理关爱意识且愿意引入 EAP 的企业凤毛麟角，整个 EAP 业态的难度可想而知。为了增加企业对于心理健康的关注和理解，中智 EAP 会为客户企业提供一份面向员工的心理健康调研问卷，并对问卷结果进行专业分析。

这项增值服务做了几年后，中智 EAP 开始思考一个新的问题：

既然能在企业开展员工职业心理健康调查，那是否也可以把调查的广度拓宽，从更广泛的社会面发放与回收问卷，来更加清晰地了解中国员工职业心理健康管理的全貌。

经过可行性论证后，中智 EAP 认为，在行业还没有找到抓手的情况下，在全国范围内从"员工职业心理健康管理"角度开展调查，并依据调查结果形成报告，对于当下 EAP 的推广和普及，不失为一个"好办法"。

于是，2006 年 9 月，中智 EAP 正式以网络形式面向全国职场人展开调查，最终回收了来自 32 个省市的共计 2 991 份问卷，在此基础上分析完成了"2006 企业员工职业心理健康管理调查报告"。该报告成功地引起了行业和社会对心理健康和 EAP 的高度关注,中智 EAP 趁势连续三年开展相关调查,并以调查报告为载体,激发行业和企业关注心理健康、探讨心理健康,推动中国 EAP 发展迈向新格局。

三、研究贡献

(一) 持续三年,沉淀行业早期发展重要数据

从 2006 年到 2008 年,三年持续聚焦"员工职场心理健康",在诸如员工对于职业心理健康的认知、员工职业心理健康状况、企业职业心理健康管理现状、员工对企业心理健康管理的了解等方面,做了持续跟进,留下了行业早期发展中弥足珍贵的历史数据,也呈现出了整个 EAP 在中国的发展状态及趋势。

三年里,关注社会热点、企业变化等因素,并做了相应跟进,如在 2007 年增加了管理层对于企业进行职业心理健康管理的认知和态度,在 2008 年增加了地震中的心理危机干预、金融海啸带来的心理影响等方面的调查,使调查工作与时俱进,同时也不断拓宽 EAP 的覆盖面。

(二) 展示中国员工职业心理健康管理认知与现状

"2006 企业员工职业心理健康管理调查报告"的突出贡献之一,就是让大家看到了中国员工职业心理健康管理的认知,以及当时企业心理健康管理的进展、员工评价等。

该报告从员工端角度,将员工对职业心理健康的认知以及员工对企业在管理中的心理健康管理意识和相关举措做了全面反馈。

1. 企业员工对职业心理健康的认知

员工对于职业心理健康非常重视,并且认为其对工作有着显著影响。96.32%的员工表示职业心理健康"非常重要"或"比较重要",见图 3 - 1(a),73.11%的员工认为公司"非常有必要"主动进行员工的职业心理健康管理,见图 3 - 1(b)。

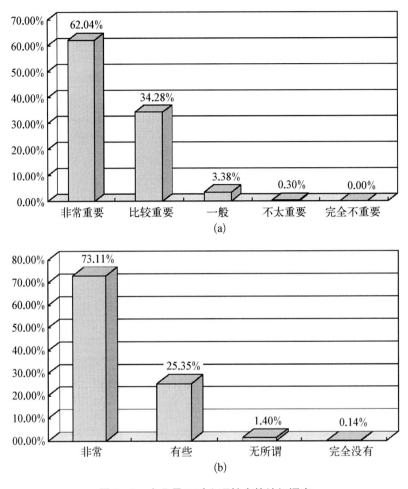

图 3-1　企业员工对心理健康的认知调查

（a）健康管理重要性　（b）健康管理必要性

2. 企业员工心理健康管理现状

当时大多数企业对于员工的职业心理健康关注度不够，并且没有采取相应的有效方法进行职业健康管理。从调查结果来看，主动为员工提供职业心理健康关怀举措的公司并不多，"有时提供""偶尔提供"或"从不提供"相关举措的比例高达 85.98%（见图 3-2）。在员工们看来，"管理层意识不够"是阻碍公司推行员工职业心理健康管理的最大问题。

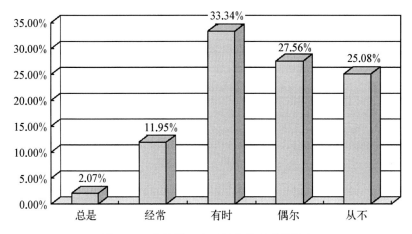

图 3-2　企业员工心理健康管理现状调查

3. 员工对 EAP 的认知

主题活动、培训是企业关注员工职业心理健康的主要方式，EAP 的大众认知度有限。对于 EAP，仅 3.88％的员工表示"非常了解"，与之相对，28.29％的员工表示"从没听说过"（见图 3-3）。

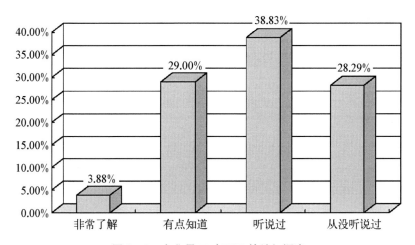

图 3-3　企业员工对 EAP 的认知调查

（三）为企业提供 EAP"使用说明"

持续三年的员工职业心理健康调查，以循序渐进的方式，从不同维度向企业展示出了 EAP 在企业管理中的应用方式，这让报告兼具了 EAP

"使用说明书"的功能；既展示 EAP 服务促进企业管理与发展的方法与能量，又帮助企业快速熟悉 EAP 的应用场景，将 EAP 应用于人力资源管理、推动企业业绩达成方面，为企业提供有力支持。

其中，2007 年的调查报告着重突出了心理健康关怀在人才吸引、留存方面的价值。调查结果显示，96.74％的受访者表示更愿意在为员工购买心理健康服务的企业工作，并且有 84.64％的受访者表示在有离职冲动时，会考虑以心理咨询的方式，向职业生涯规划方面的专家寻求建议和帮助（见图 3-4、图 3-5）。与之相关的一系列数据和分析，让企业看到了心理健康服务对于人才吸引和留存的积极作用，也为 HR 拓宽了提升人才"招、引、育、留"效果的新思路，让心理健康管理成为帮助企业实现稳健发展的"加速器"。

图 3-4　心理健康服务对员工就职意向的影响

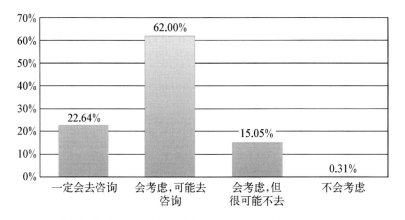

图 3-5　有离职冲动的员工对心理咨询服务的使用调查

2008年,全球金融危机爆发、中国汶川遭遇大地震等突发事件,严重影响了人民群众和企业的正常生活、工作、生产。但也正是因为这些危机,使得一些企业开始重视危机下的心理干预。如何帮助个体应对其受到的心理创伤,成为摆在社会和企业面前的一道难题。

事实上,EAP的功能之一,就是在突发事件中提供心理疏导,降低突发事件中因心理创伤而对个人、企业、社会所产生的不良影响。但由于EAP在中国普及程度较低,很多企业和组织对EAP的功能了解还不够全面,甚至不了解EAP在突发事件下的作用。

在2008年的调查报告中,中智EAP以金融危机作为案例,展示了"金融危机下的EAP关注点",提醒企业在进行裁员或组织变革时,以及当员工出现焦虑、恐慌、抑郁、身心疾病、组织归属感等问题时,都可以运用EAP工具,做好员工心理关怀,帮助员工和企业平稳渡过危机,实现个人和企业可持续发展。

(四) 用三年数据反映EAP普及提速

中智EAP连续做了三年"员工职业心理健康调查",也连续三年在中国EAP年会上发布"员工职业心理健康调查报告",这些报告也在一定程度上呈现出中国EAP的普及、行业发展趋势。

1. 2007—2008年企业员工的心理健康管理

2008年的调查中,半数以上(53.28%)的受访者表示,过去两年里,公司在改善员工的工作情绪、心理健康状况方面的努力有所增加(见图3-6)。

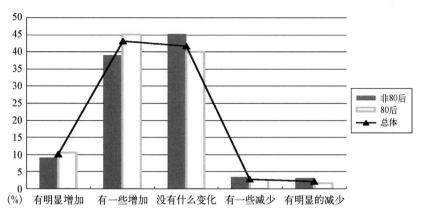

图3-6 2007—2008年企业心理健康管理变化状况

2. 2007—2008 年企业 EAP 使用现状

2007 年,11.28％的企业员工所在公司购买了 EAP 服务,到了 2008 年,该数值上升为 17.01％(见图 3－7)。

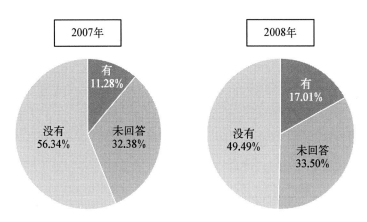

图 3－7　2007—2008 年企业 EAP 项目购买状况

3. 2007—2008 年企业管理者对 EAP 的认同

企业管理者对 EAP 的认同度也呈上升趋势,尤其是在"平息危机事件"方面,持有越来越积极的态度(见图 3－8)。

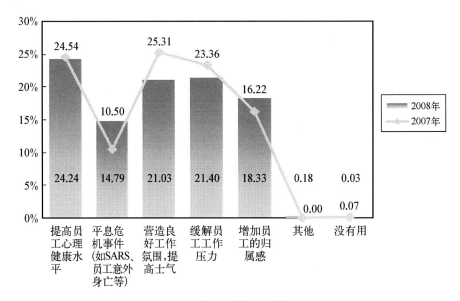

图 3－8　2007—2008 年企业管理者对 EAP 认同度调查

4. EAP 在企业中发展趋势

对于 EAP 的发展趋势,90.8%的受访管理者看好其在企业中的发展趋势,但考虑到 EAP 在中国实际的发展情况,58.35%的受访管理者认为"从长远来说会在企业中普及,但近几年不会被广泛应用"(见图 3-9)。这说明,EAP 已经得到大多数受访管理者的认可,但为员工提供相关福利,并不是管理者个人就能做的决定,还需要企业和员工的双向支持。EAP 在中国的全面普及,仍然任重道远。

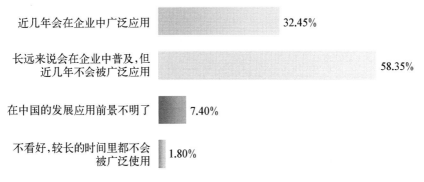

图 3-9　管理者对 EAP 在企业中发展趋势的看法

在此基础上,中智 EAP 对中国 EAP 的发展模式提出了大胆展望和设想,认为企业将 EAP 作为一种单一福利,无法让大多数员工感受到企业的关爱,提出心理援助要实施"大 EAP"的概念,让 EAP 的服务形式多样化,服务内容更加丰富,真正深入到员工的日常生活,并且要探索出 EAP 在人力资源管理中的更多应用功能与场景,为员工提供生活、工作、家庭全方位的心理援助,才能真正深入到员工内心,让员工感受到公司的"心"关怀。

职业压力分析

一、研究档案

研究名称：职业压力分析报告

研究时间：2009 年

（一）研究目的

随着我国改革开放的不断深化，人们的工作节奏越来越快，企业对员工的能力要求也越来越高，随之导致企业员工的工作压力也越来越大。中智 EAP 关注到这个社会问题，并预判它将对企业、员工及社会带来很大影响，便迅速组织了关于"职业压力"的调研，期望通过调查研究，洞悉职场压力，引发企业关注，让企业意识到职场压力对员工工作、身心健康的影响。同时，引导企业树立"EAP 是解决员工心理困扰的有效工具"的观念，并推动企业建立系统、科学、可持续发展的员工心理支持项目，来实现个人身心健康和企业业绩发展的正向循环。继而，将影响扩大到全社会，帮助社会面逐渐建立起"心理屏障"，减少因压力导致的不良事件的发生，以促进社会的和谐与稳定。

（二）历史价值

这是中国 EAP 早期发展中，在研究方面走向体系化、深入化的标志之一，也是针对聚焦职场焦点问题专题化研究的开始。中智 EAP 想要通过此次调研深入理解员工的职场压力来源，压力对于工作满意度、身心健康的影响，员工目前是否具有有效缓解压力的策略，哪些人群对压力的感知更敏感，他们有什么样的特征？从职场角度讨论压力和心理健康，是中智 EAP 加入中智后对自己的再次定位确认，即从企业视角出发看待职业压力，探索 EAP 的价值。

此次研究结果在中智 EAP 举办的第七届中国 EAP 年会上发布，立刻引发参会者对"职场压力"的重视，在行业里掀起一轮探讨"如何应用 EAP 帮助员工解压"的高潮，也让 EAP 应用具象化、场景化，使得 EAP 概念更加深入人心。

二、研究源起

2006—2008 年，中智 EAP 连续三年对中国员工职业心理健康管理情况做了全面调查研究，不仅全面展现出 EAP 在中国市场发展的基本情况，让中国 EAP 开始有了数据报告记载、形成了研究惯例，而且有利于推动 EAP 理念在企业普及和传播。

到了 2009 年，随着 EAP 意识的普及，从更深维度探讨心理关怀专项话题时机已经到来。中智 EAP 从企业视角探寻员工职业压力，通过结构化量表，测量员工的职业压力状况，以期引发企业对职业压力的重视，了解职场设计、工作流程、职场人际支持等方面对员工压力的影响，并应用 EAP 工具，帮助员工做好压力管理，重塑健康身心。

三、研究贡献

(一) 发布职业压力调研报告

1. "职业发展和成就"是员工最大职业压力源

中智 EAP 设计的职业压力量表中，压力源共计包含 6 大项，分别是工作本身的因素、管理角色及角色期待、与他人的关系、职业发展和成就、组织结构和氛围及家庭/生活的相互影响。调研结果显示，员工最大压力源来自"职业发展和成就"，其次是"工作本身"和"组织结构和氛围"(见图 3 - 10)。

值得注意的是，"职业发展和成就"方面的压力，会随着工作年限的增加逐步降低(见图 3 - 11)。其中，预期在 1 年内升职的员工，他们感受到的职业成就压力显著大于预期 1～5 年升职的员工，而认为自己不可能升职或没考虑过该问题的员工，在这方面的压力较小。

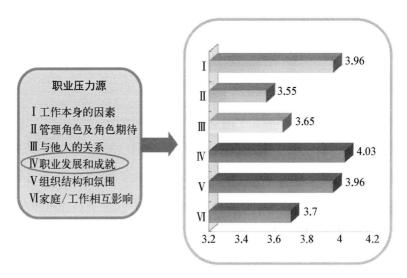

图 3-10 职业压力源

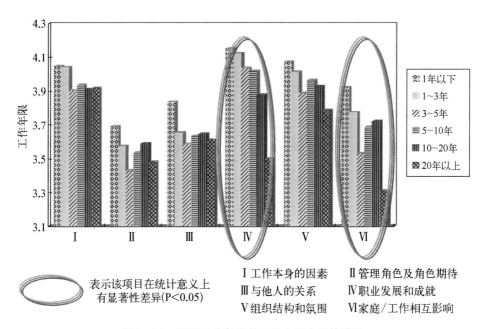

图 3-11 不同工作年限员工职业压力源的差异

2. 不同群体的工作满意度差异明显

关于工作的满意度,调研从工作成就、工作本身、组织设计和结构、组织运作过程、工作中人际关系、广义上的工作满意感六大维度展开,结果发现,员工最满意的是职场中的人际关系,最不满意的是职业成就。

而不同性别、不同岗位、不同在职年限的员工,对工作的满意度则呈现出了一定的差异性。

性别方面,除了对工作本身的满意度之外,男性员工对工作的满意度普遍高于女性员工。

分部门和职务来看,除了对工作本身的满意度之外,不同部门满意度显著不同,管理人员在各个方面的满意度普遍高于部门其他人员,后勤保障部门人员在人际关系方面的满意度高于其他部门,财务岗位在各个方面的满意度都低于其他部门(见图 3-12)。

当从工作年限来分析,大家对各个维度的满意度,对应着工作年限的变化,呈现出相似趋势:工作 1 年及以内的员工,满意度较高;在 1～3 年会先出现下滑,然后上升;5～10 年期间会再次下降,之后满意度才逐渐上升(见图 3-13)。而这两次满意度下滑的时间段(1～3 年和 5～10 年),可

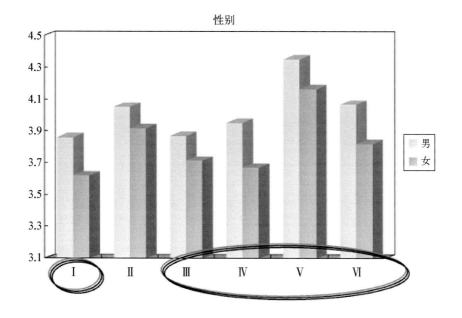

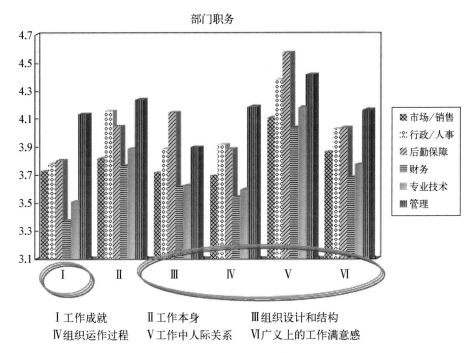

图 3-12 不同群体工作满意度差异(1)

I 工作成就　　　　Ⅱ工作本身　　　　Ⅲ组织设计和结构
Ⅳ组织运作过程　　Ⅴ工作中人际关系　Ⅵ广义上的工作满意感

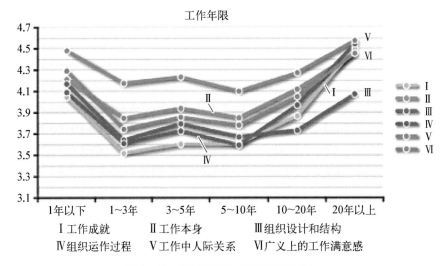

I 工作成就　　　　Ⅱ工作本身　　　　Ⅲ组织设计和结构
Ⅳ组织运作过程　　Ⅴ工作中人际关系　Ⅵ广义上的工作满意感

图 3-13 不同群体工作满意度差异(2)

能是员工进行职业变动和职业思考的高峰期,这就帮助企业找到了一个
育人、留人工作的突破口——加强对这两大员工群体的关怀,做好职业规
划辅导,为员工的职业发展提供相应支持,当员工重新找到继续与企业携
手共进的热情,就会愿意在这个职场继续奋斗,而企业的用心良苦也会建
设出一个双向奔赴的职场。

3. 压力源与身心症状呈显著正相关

研究显示,六个方面的压力源中,任何一个方面的压力源上升,都会
伴随出现相关的身心症状,呈现出显著的正相关关系。

与之相关的研究发现还有两点:一是能挤出时间放松自己的人,在心
理和身体健康方面,均显著好于不放松的人;二是有个人兴趣爱好的人,
在心理和健康方面,都优于没有个人兴趣爱好的人(见图 3-14)。

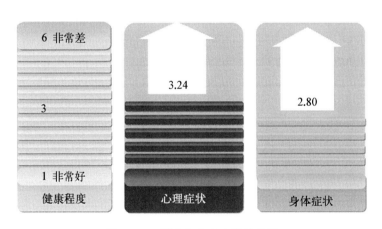

图 3-14 压力与身心症状的关系

4. 满意度与组织影响力、管理制约、个人影响力的发挥相关

研究显示,在无形的组织影响力的制约下,管理过程的制约下,以及
个人影响力缺乏、广义上的控制力缺乏情况下,满意度明显降低,并且对
心理及生理健康有着显著的不良影响(见图 3-15)。

报告认为,优化管理过程是提升影响满意度的一个重要方式,并且在
管理过程中,让员工感受到自己的影响力,参与到决策当中,能够更好地
提升员工的职场满意度。

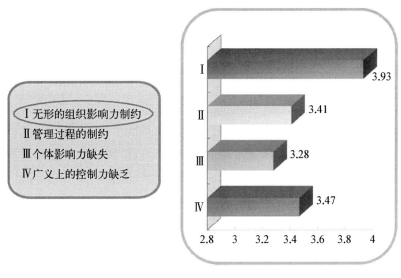

图 3-15 企业和组织机构的制约对个人的影响

(二) 为企业和个人缓解职业压力支招

在心理学和人力资源专家等智囊团的支持下，针对员工因为职业压力而影响工作和生活中的问题，报告分别为企业和员工开出了"舒压药方"。

1. 针对企业的建议

企业如何缓解员工的压力，建议如下。

一是重视做好职业发展和成就相关工作，从企业角度为员工减压。

二是优化管理过程，并在管理过程中，让员工感受到在企业中的作用和影响力，从而提升员工的工作满意度。

三是处于不同人生阶段的员工，他们的职场关注点和需求也各不相同，企业需要有针对性地设置各类激励方式，满足员工在不同阶段的需求，通过降低员工的职场压力，提升工作满意度。

2. 针对员工的建议

就企业员工个人如何缓解工作压力，建议运用有效的应对方式，培养职业爱好、多种兴趣，加强锻炼，在舒缓压力的同时保持身心健康。

职场幸福感调查

一、研究档案

研究名称：职场人士幸福感调查

研究时间：2010 年

（一）研究目的

随着中国社会经济的发展，人们对幸福感的追求也逐渐增加，幸福感对于职场人士个人工作、生活质量和企业高效发展的影响也与日俱增。中智 EAP 通过调查研究，将职场幸福感指标量化，来深度剖析中国职场人群的幸福感现状，总结出提升员工幸福感的因素，助力企业更好地了解员工的职场满意度以及幸福需求，为社会和企业提升职场人群的幸福感，提供数据支持及实施建议。

（二）历史价值

自 2005 年起，"幸福指数"成为社会关注问题，但在中国职场领域，尚未有相关调查研究。中智 EAP 关于"职场人士幸福感"的深度调研，是职场领域深度探讨"幸福感"的一次积极尝试，为全面构建企业员工幸福度提供了实现路径，并展示出企业从精细管理到精准管理的转变中，EAP 所发挥的独特作用，体现出中国本土 EAP 在"人企价值共创共融"中的前瞻性，为运用科学方法解决员工管理问题、提升员工幸福力、促进企业内部关系和谐等方面提供有益借鉴。

二、研究源起

2010 年，EAP 作为新概念和新手段，已经逐渐被企业认知和使用，但其普及率仍然有很大的上升空间。作为较早进入 EAP 行业的服务商，中智 EAP 一直在推广 EAP 的道路上砥砺前行，努力让 EAP 这颗种子在中国扎根。

2010 年，随着社会经济高速发展与转型，职场人士的幸福感对个人工作、生活质量和企业高效发展的影响力与日俱增。而在这一年，富士康员工跳楼事件，更是将员工心理健康问题推上舆论的风口浪尖，关注职场心理健康、提高职场幸福感，成为企业亟待解决的重要问题。

其实，行业中很早就有关于职场效率与职场幸福感的关系论证。2005 年，芝加哥商学院奚恺元教授就在《中国城市及生活幸福度调查报告》中对"幸福感"做了相关研究，提出"幸福的最大化是经济发展的终极目标"，报告中提出的"幸福指标"引发人们的热议和关注。与此同时，加拿大公共就业与政府服务处联合卡列敦大学进行的 70 年纵向研究"幸福—高效的员工跨年研究"也显示，职场的幸福感和员工的工作效率相关度非常高。

要想真正提升中国员工的职场幸福感，仅论证职场效率与幸福感的关系还远远不够，还需要结合中国员工职场幸福力的现状及问题，为企业提供可落地的指导建议，同时让企业认知到 EAP 对于改善员工心理健康、提升职场幸福力的功能与价值，让 EAP 成为助推企业提升员工职场幸福力的有效工具。

三、研究贡献

（一）行业内标准化的调研范本

此次"职场人士幸福感调查"，做到了有"理"有"据"，具体体现在以下几个方面。

1. 理论坚实，明确职场幸福感调研维度

"积极心理学之父"马丁·塞利格曼在《持续的幸福》一书中，提出幸福由五大元素构成：

（1）**积极情绪**（Positive emotion）。积极情绪是幸福理论的基石，指的是我们的具体感受，比如愉悦、狂喜、温暖、舒适等。幸福感和生活满意度，也是积极情绪中的因子。

（2）**投入**（Engagement）。投入指完全沉浸在一项吸引人的活动中，时间好像停止，自我意识消失。要达到心流状态，需要投入优势和才能，处于心流状态时，人们通常没有具体的思想和感情，但在回顾这段体验时，会觉得"那真棒"。

（3）**人际关系**（Relationships）。科学研究发现，帮助别人是提升幸福感最可靠的方法。马丁·塞利格曼认为，积极的人际关系对幸福带来了深刻正面的影响，积极关系有助于幸福。

（4）**意义与目的**（Meanings and purpose）。马丁·塞利格曼认为，对投入的追求往往是孤独的、以自我为中心的，而人类不可避免地要追寻人生的意义和目的。他认为，"意义"不是单纯的主观感受，有意义的人生意味着归属于某些超越自身的东西，并愿意为之奋斗。

（5）**成就**（Accomplishment）。成就是指人们的终极追求，哪怕这项追求不能带来任何积极情绪、意义、关系。其短暂的形式是"成就"，长期的形式是"成就人生"，也就是把成就作为终究追求的人生，这是一种追求幸福的实际方法，人们在追求"成就"的过程中，会完全投入其中，并在胜利时感受到积极情绪。

马丁·塞利格曼将"幸福五元素"简称为"PERMA"。需要说明的是，这五个因素都是可测量的独立元素，每个元素都能促进幸福，但每个元素并不能单独定义幸福。只有拥有足够PERMA的人生，才能实现可持续的幸福。

在马丁·塞利格曼的理论基础上，中智EAP从职场幸福力角度制作了结构化量表，对在职人群展开调研，从三个方面测量职场人群的幸福感，包括满意度（生活满意度和工作满意度）、心理投入度、情感指数，并考察"心理健康"与幸福的关系。

可以说，这是一次全方位、多维度的职场幸福感调研，探究受访者真实的职场状况，厘清影响职场人士幸福感的主要因素，是行业中职场幸福感领域少有的专业参考资料，关系到职场人士的工作体验与个人成长，更对企业的长远发展具有重要意义。

2. 言必有据，丰富样本还原职场幸福感全貌

这是中智EAP连续四年发布中国职业心理健康管理调查和压力报告后，针对职场人士进行的又一次深度调研，此前调研能力和数据的深厚

积累,再加上此次"职场幸福感"的调研数据,使这份"2010 职场人士幸福感调查"分量十足。

本次调研,共计收回 2 100 份有效数据,问卷人群样本丰富,其中,大学本科学历占 56.2%,大专学历占 25.7%,高中及以下学历占 10.5%,硕士研究生学历占 6.8%,博士研究生学历占 0.8%;年龄 25 岁以下占 32.1%,26～30 岁占 31.4%,31～35 岁占 19.3%,36～40 岁占 9.2%,41～50 岁占 6.3%,50 岁以上占 1.7%。问卷覆盖行业广泛,主要来自服务业(19.8%)、制造业(28%)、金融业(8%)。通过对不同性别、年龄、工作年限、职位层级及职业员工的调查,报告以全面、系统、直观的数据和样本,全面还原当下职场的幸福感全貌,让企业清晰感知员工的幸福感,以期引发企业对员工幸福感的重视,并由此推动更多企业建设有幸福感的职场,让中国职场生态更具幸福力。

(二) 四大发现,深度剖析职场幸福感

根据调研结果产出的"2010 职场人士幸福感调查",中智 EAP 向社会和企业呈现出了四点重要发现。

1. 女性的幸福感显著高于男性

在不同群体之间的幸福感差异分析中,性别因素带来的差异明显,几乎在总体幸福感、生活满意度、工作满意度、心理投入度、情绪情感等每个维度上均呈现出显著性差异,结果显示,女性幸福感显著高于男性(见图 3 - 16)。

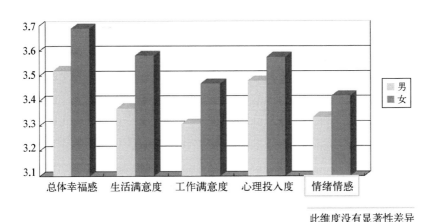

此维度没有显著性差异

图 3 - 16　性别对幸福感的影响

在工作满意度方面,则略有不同。女性在除"工作生活平衡"外的各方面,满意度均显著高于男性(见图3-17)。

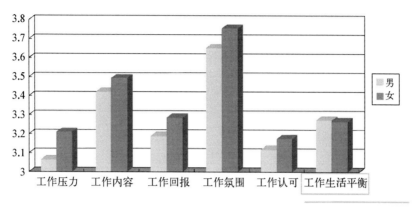

图3-17　性别对工作满意度的影响

2. 广州职场人的幸福感显著低于其他一线城市

不同城市之间,员工总体幸福感和总体工作满意度存在显著差异。在"北、上、广、深"四大城市中,上海显著高于"北、广、深"及其他地区,相比之下,广州的数据则偏低。在工作氛围、工作回报、工作内容这三个工作维度上,上海的满意度最高、北京次之,广州居于深圳之后,排名最后(见图3-18)。

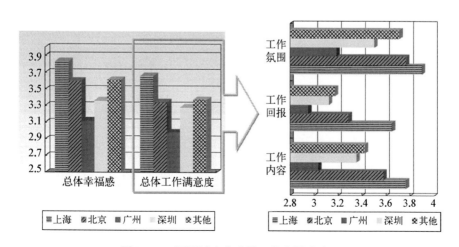

图3-18　不同城市企业员工的幸福感差异

3. 高管的幸福感低于其他职位级别

此次调查的一个特别发现是，高层管理者的总体幸福感和生活满意度均显著低于其他职位级别。原因之一是，高层管理者对个人心理健康的关注度较低，他们对心理健康的关心程度只有 3 分，低于其他职群中层管理者最高，为 3.82 分（见图 3-19、图 3-20）。

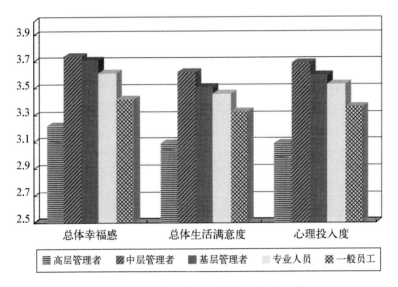

图 3-19 不同职位级别对幸福感的影响

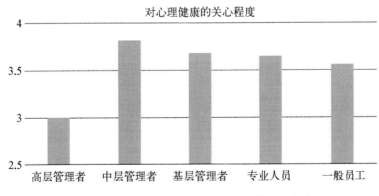

图 3-20 不同职位级别对心理健康的关心程度

4. 企业中开展心理服务的员工幸福感显著高于没有心理服务的企业

调研数据显示，能够提供心理健康服务的企业，员工的幸福感更高、心理投入度更高,并表现出更多的积极情绪。同时,员工对工作压力、工作内容、工作回报、工作认可以及工作生活平衡方面的满意度,也显著高于没有开展心理服务的企业(见图 3-21、图 3-22)。

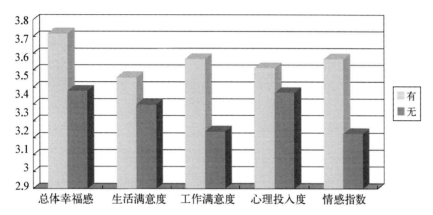

图 3-21 企业开展心理服务对员工幸福感的影响

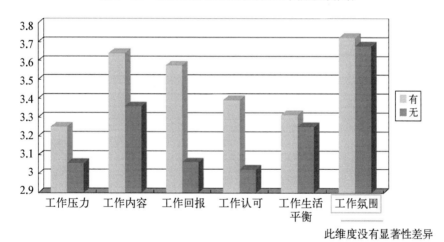

图 3-22 企业开展心理服务对员工工作满意度的影响

(三) 打开"大健康"全新视角,EAP 助力塑造健康职场

"2010 职场人士幸福感调查"的发布,使企业对职场关怀的认知,从关心员工的心理健康,上升到关注员工的职场幸福感,从实现心理"health",到追求可持续的"well-being",打开了企业关于"大健康"的全新视角,让健康职场的边界再次延展,也为人力资源管理提供了全新的探索方向。

这一份报告，也让更多企业看到，为员工提供心理健康服务所产生的价值，远远不止于改善员工的心理健康状况，它还将深刻影响员工的职场幸福感，进而影响员工在工作中的体验与产出，对个体和组织的发展都将产生持续而深远的影响。这份价值挖掘，有助于让 EAP 的价值被充分展示与发挥，被更多企业引入、应用，为 EAP 在中国的普及、对健康职场环境的塑造，发挥着至关重要的作用。

组织变革下的员工职业压力调查

一、研究档案

研究名称：组织变革下的员工职业压力调查报告

研究时间：2012 年

（一）研究目的

中智 EAP 在"员工职业压力"这个命题上保持着长期观察。到 2012 年，中智 EAP 发现经历组织变革的企业越来越多，并敏锐地感知到，在这种特殊背景下，员工压力来源可能与以往不同。于是，中智 EAP 决定基于组织变革，进行一次职业压力的调查，调查员工在组织变革背景下的职业压力状况，及其心理压力特点和应对方式，以帮助企业更好地了解员工心理危机的多重来源，重视特殊背景下的员工心理健康。同时，可以为企业探寻到组织变革下压力管理的最佳方式和应对策略，促进企业组织变革的顺利完成。也希望通过这类专项调研，以翔实、全面的数据报告及其聚焦员工心理危机的预防与干预策略，让 EAP 成为企业帮助员工缓解心理压力、锻造健康高效组织的一种有效工具。

（二）历史价值

这是中国 EAP 领域内一次探索时间跨度长、命题针对性强的递进式调查研究，其对企业动态的深度关注与快速行动能力，体现出中国 EAP 服务商逐渐专业化、服务向纵深发展的趋势。

此次调查中，中智 EAP 独立开发、用来测量职业压力来源和影响的专业量表——职业压力量表，使得企业和个人均能从测量中受益，代表了中国 EAP 研究与应用能力的极大提升。而基于提取变革相关的咨询数据，通过"量化测评＋质性研究"，向组织呈现既有数据支撑又有案例的生动研究成果，则成为帮助企业了解员工在组织变革下的压力与表现的利器，并助力企业"对症下药"，迈出科学、健康的第一步。

这也是一次 EAP 应用的典范呈现，围绕"组织变革下的员工职业压力"这一具体问题的研究探索，展示出了 EAP 在企业管理中所能产生的影响力，让企业看到 EAP 是促进组织和员工健康成长不可或缺的功能性模块，打破了社会和企业对 EAP 功能和价值的刻板印象，为 EAP 被更多中国本土企业引入和应用架起了桥梁。

二、研究源起

21 世纪的第二个 10 年，中国正处于信息化快速发展的历史进程之中，经济、社会全面高速发展。与此同时，2008 年以来的全球金融危机影响仍在扩散和蔓延。到了 2012 年，中智 EAP 观察到，经济发展和金融危机的双重作用下，越来越多的企业进行了组织变革，因业务快速变化和调整带来的裁员、调岗、合并问题引发的心理咨询案件也越来越多。

内行看门道，中智 EAP 从这些咨询数据背后，看到了隐藏着的问题。因为变革中的企业要求员工有更强的敏捷力应对企业和全球环境的变化，但人类生性是厌恶变化的，因为变化常常意味着失去、压力，因此身处变化环境中的人们，很容易产生心理压力。这些压力，在职场中就与员工离职、病假、旷工、事故的发生紧密相连。对于企业来说，过大的职场压力，将直接影响员工的工作满意度以及个体的身心健康，而低工作满意度和较差的身心健康状态，又可能会加大员工对压力的感知，可谓是一个恶性循环。

尽管职业压力几乎是每个人都无法避免的问题，但面对组织变革的员工，他们所感知的压力与以往可能会有很大的不同。所以，中智 EAP 决定再进行一次职业压力调查，探寻组织变革下员工的职业压力状况，挖掘职场压力来源，为员工纾困，也为企业塑造健康职场提供与时俱进的建议与帮助。

三、研究贡献

(一) 一套测量职业压力来源和影响的专业量表

职业压力量表是中智 EAP 独立开发的一套用来测量职业压力的来源和影响的专业量表,这套量表共 166 道题目,由 6 个分量表构成,从四个维度对职业压力展开深度测量,分别是:

1. 职业压力来源

通过测量员工在工作中感受到的压力,来确认员工的主要压力来源。

2. 人格特征

通过测量员工"通常的行为方式"和"如何看待和解释问题/环境"两个方面,来评估员工的行为特点、性格等。

3. 应对压力的策略

通过测量员工应对压力的行为方式,了解员工应对压力的策略。

4. 压力的影响

通过测量员工对当前工作的满意度以及对自身健康状况的评估,了解压力对员工工作、心理和生理产生的影响。

这套测量工具,能给企业和员工个人带来很大的益处,其所生成的结果,对双方来说都是一份"重新认识自我"的职场压力分析指南。

一方面,员工在完成调研后,将获得一份图文并茂的"定制"分析报告。报告会从压力源、压力影响、个人对压力的处理、个人行为特征以及总体的心理、生理感受五个方面,对员工的职场压力进行全面剖析。员工不仅能看到工作压力对自己当前工作所产生的影响,以及正在或潜在将会成为压力的来源,还能了解自己平时对压力的应对方式,以及需要学习的缓解压力的技巧。

另一方面,基于调研研究制作的《组织变革下的员工职业压力报告》,企业可以从中看到员工在组织变革阶段总体的压力水平,了解员工主要的工作压力源和潜在的压力源,明确员工面对压力的应对策略和行为方式。根据报告反映的问题,企业管理者和 HR 可以及时调整职场关怀策略,尽量减少在组织变革期因职场压力而造成的影响和损失。

（二）五大"压力"发现，呈现组织变革下的职场

1. 组织变革期员工压力感受明显

针对组织在变革阶段可能导致员工产生的职业压力，职业压力量表一共列出了 6 类压力源，覆盖了工作本身、职业发展和成就、与他人关系、家庭和工作平衡等诸多方面。

最终的调研结果显示，当组织处于变革期，面对业务调整、岗位变化，员工的压力感明显上升。"工作本身"是最大的压力来源，在 1～6 分的评分标准中得分为 3.87 分，紧接其后的是"职业发展和成就"（3.75 分）、"组织结构和氛围"（3.69 分）、"管理角色和期望"（3.63 分）、"家庭和工作平衡"（3.61 分），仅"与他人关系"这一项得分相对较低（3.45 分）（见图 3 - 23）。

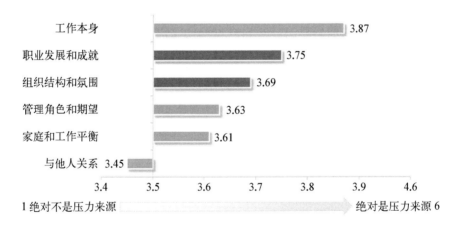

图 3 - 23　组织变革期员工职业压力源分析

这说明，组织变革会对员工的工作、生活、职业发展的诸多方面产生影响，组织在制定变革决策的同时，需要兼顾制定全面的员工关怀策略。

2. "工作中缺乏财务或其他资源"是影响组织结构和氛围的主要压力来源

变革环境在一定程度上意味着"混乱""未知""恐惧"，"不容易获取到资源""士气低落"都是组织在变革期间容易遇到的常见问题。这些问题在此次职场压力调研中也得到了数据印证。调研结果显示，当组织处于变革期，"工作中缺乏财务或其他资源"是员工在组织结构和氛围中主要

的压力来源,其次则是"员工士气和组织氛围"。在质性研究中,也有员工提到在组织变革阶段会在工作中出现"团队重组,难以融入团队氛围"的感觉,以及"缺乏资金和资源的支持,项目无法进行"的情况,这些都是他们工作中的压力来源(见图3-24)。

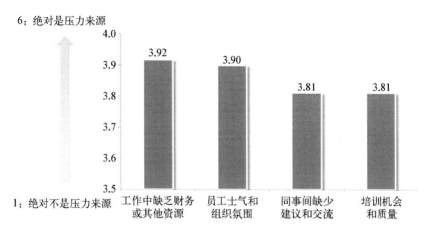

图3-24　组织结构和氛围中的压力源分析

进一步看,不同司龄、岗位的员工,面对组织变革所感受到的压力来源也呈现出细致差异。对工作年限5~10年的员工来说,"员工士气和组织氛围"带来的压力远高于其他年限的员工。对管理者而言,"工作中缺乏财务或其他资源"是主要压力源,而财务、行政/人事、专业技术岗位的员工,主要压力源则是"培训机会与质量"(见图3-25、图3-26)。

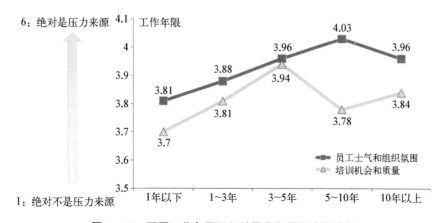

图3-25　不同工作年限组织结构和氛围压力源分析

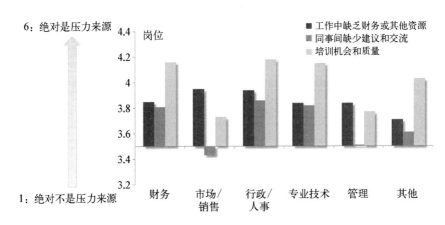

图 3-26　不同岗位组织结构和氛围压力源分析

3. 在职业发展和成就方面，"实现个人绩效目标"是最大压力源

在组织变革下的职场压力来源调研中，"职业发展和成就"排名第二。当对这一维度进一步细分调研后，发现员工最担心的是变革会影响"实现个人绩效目标"（4.15 分），其次是"提升前景不明朗"（4.06 分），以及因为岗位和业务方向调整而导致"缺少职业发展机会"（4.03 分）和"没有得到应有认可"（3.99 分）（见图 3-27）。

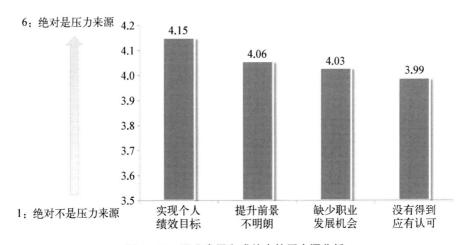

图 3-27　职业发展和成就中的压力源分析

具体来看，销售和管理岗位的员工最担心受组织变革影响"实现个人的绩效目标"，工作 3~5 年的员工在"提升前景不明朗""缺少职业机会"

这两点上压力感明显高于其他员工,刚入职的职场新人(一年以下)和工作超过 10 年的老员工,较少在组织变革期间受到这两方面的困扰(见图 3 - 28、图 3 - 29)。

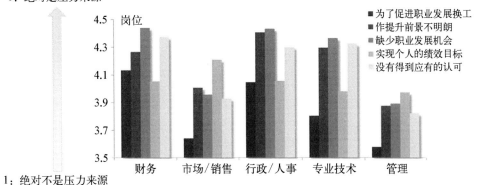

图 3 - 28 不同岗位职业发展和成就压力源分析

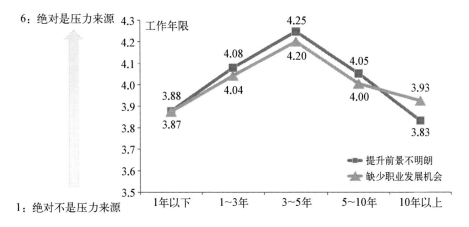

图 3 - 29 不同工作年限职业发展和成就压力源分析

4. 高压力源≠低满意度

本次研究中一个很有意思的发现是,尽管组织变革让员工的职场压力明显增加,但员工无论是对组织结构和氛围的满意度,还是对职场发展和成就的满意度,均给出了积极反馈,在 1～6 分的满意度评分中,各项关于满意度的分值都在 4 分上下(见图 3 - 30)。

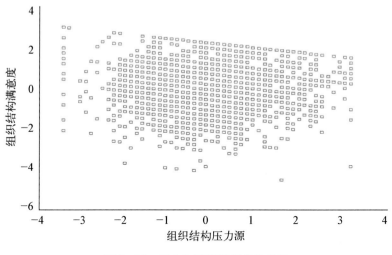

图 3‑30　压力与满意度相关性分析

这一结果表明,高压力源并不等于低满意度。压力与满意度虽然有相关关系,但不能绝对地得出"高压力一定会带来低满意度"。影响工作满意度除了压力以外,还与员工自己的人格特质、遇到压力是否拥有有效的应对方式有关。员工虽然能感受到压力的存在,但如果能积极地看待这个压力,把压力转化为动力,并且通过各种方式(如更好的时间管理、改变任务策略、寻求社会支持等)进行压力的管理,那么员工的工作满意度可能比没有进行有效压力管理的员工来得高。

5. 为员工、管理人员、企业分别提出了可行性解决方案

"组织变革下的员工职业压力报告"从质性研究中提炼出了员工在组织变革阶段会遇到的七大问题。

(1) 缺乏上级认可。

(2) 与强势老板沟通困难。

(3) 频繁更换上级,工作无法适应。

(4) 团队重组,难以融入团队氛围。

(5) 缺乏资金和资源的支持,项目无法进行。

(6) 组织变革,因无上级领导的局面造成工作压力。

(7) 组织架构调整,工作区域转换,造成的工作适应问题。

基于这次研究，中智 EAP 用翔实的数据，让企业看到了组织变革所产生的职场压力，以及其对员工工作热情和效能所产生的负面影响。因此，在报告最后，中智 EAP 提示企业要关注员工的心理健康，鼓励形成相互支持的团队氛围和企业关爱氛围，并分别为员工、管理者、企业提供出了可行性的解决方案，帮助大家平稳度过组织变革期，实现组织顺利、高效变革。

其一是针对员工的建议：调用健康的应对方式，结合理性应对和情感支持，结合个体支持和社会支持。

其二是针对管理者的建议：提高对员工困难的敏感度，提供多角度支持、认可，鼓励形成相互支持的团队氛围。

其三是针对企业的建议：构建企业员工关爱氛围，帮助员工培养发展更多健康应对方式，培训管理人员帮助其成长，寻求更多社会支持途径。

职场认可行为调查

一、研究档案

研究名称：2013 职场认可行为调查报告
研究时间：2013 年

（一）研究目的

通过调研，收集员工对职场认可行为的感受、反馈，分析现代企业管理中"认可行为"的现状及其产生的影响，帮助企业了解员工对管理者非正式认可行为的满意度，认可行为对员工的重要性以及对员工工作满意度的影响。研究所形成的报告，能帮助 HR 打开审视"管理有效性"的新视角，让 EAP 成为优化管理的有效分析及洞察工具。

（二）历史价值

这是一次运用 EAP 推动企业管理优化的积极尝试，彰显出 EAP 不同于社会咨询的独特价值，展现出 EAP"双重客户"概念中除提升员工身心健康水平外对组织管理的应用价值，让企业看到了 EAP 能够服务企业管理的能量。这也是一次"教科书式"的高水准行业研究，同时也重塑了 EAP 行业、企业对 EAP 咨询数据的价值认知，有助于挖掘出 EAP 在中国市场的更多潜力，创造出更多本土化价值。

二、研究源起

作为国内较早成立的 EAP 服务商之一，中智 EAP 很早就意识到数据库的重要性，2009 年就自主研发了 EAP 数据管理平台。到 2013 年，已经沉淀了庞大多样化的大数据。基于对 2010—2013 年三年的咨询数据分析,中智 EAP 发现,与工作相关的咨询中,有 34％的个案是咨询"工作中的人际关系",而在"工作中的人际关系"的咨询中,又有 68％集中在"与上级的人际关系"问题上。上级的"不信任、不认可、沟通缺乏、不公平"成为相关咨询的热点和关键词(见图 3-31)。

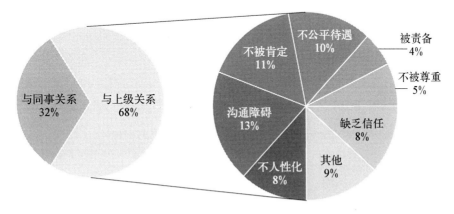

图 3-31　工作人际关系数据分析(2010—2013 年)

　　这一分析结果,与当时另一项面向全球职场的调研结果一致。该调研指出:在中国,对员工可持续敬业度影响最大的因素是"持续的沟通",其次是"授权"和"工作与生活平衡"。如果管理者在工作过程中能及时地与员工沟通、反馈其工作表现、信任员工、聆听或采取他们的建议、关心员工的生活,这些管理者会更受员工的欢迎。

　　2008 年,美国薪酬协会对 553 家企业的调查结果显示,90％的企业能够积极恰当地推行认可激励计划,但金钱/物质激励存在边际效应递减,也存在滞后性。而认可是及时的、每时每刻的,存在无限效能空间,因此认可的激励价值正在被逐渐挖掘、显现。

　　也就是说,金钱固然能在一定程度上增强员工的敬业度、减少离职、激励工作热情,但在现代社会,在金钱之外,员工更渴望自我价值的认可,而这种认可,将驱动他们在职场上创造出更多价值。也就是说,管理者缺乏"认可""激励",会对员工产生负面影响。

　　中智 EAP 从员工的咨询大数据中捕捉到这一点后,独立开发出一套用于测量管理层对员工认可行为的专业问卷，发起了"职场认可行为调查"，面向各个行业的员工展开调研，进一步了解员工对职场认为行为的满意度及诉求，并基于调研结果形成调查报告，希望借此机会让企业重视职场认可行为，更让企业看到 EAP 对于企业管理的价值，开启 EAP 在中国发展的新篇章。这也与中智的成长路径一脉相承，成长于人力资源平台，服务也最终回归到人力资源管理赋能。

三、研究贡献

（一）一次"教科书式"的行业调查

此次职场认可行为调查，具备理论科学、结构完整、调研人群广泛等特征，是行业中一次不可多得的"教科书式"调研范例。

1. 理论扎实，职场认可定义及标准明确

（1）ERG 需要理论。1969 年，美国耶鲁大学行为学家教授、心理学家克雷顿·奥尔德弗，在马斯洛提出的需要层次理论的基础上，进行了更接近实际经验的研究，提出了新的人本主义需要理论——"ERG 需要理论"。他认为，人们共存在三种核心的需要，即生存需求、相互关系需求、成长发展需求。这三种需求具体表现如下。

生存需求　主要包括衣、食、住，以及工作组织为使其得到这些因素而提供的手段，如报酬、福利和安全条件等，相当于马斯洛提出的生理需要和安全需要。

相互关系需求　指发展人际关系的需要，主要通过工作中或工作以外与其他人的接触和交往得到的满足，相当于马斯洛提出的感情上的需要和部分尊重需要。

成长发展需求　指个人自我发展和自我完善的需要，通过发展个人的潜力和才能来得到满足，这实际上相当于马斯洛提出的自我实现需要和尊重需要。

不同于马斯洛的需要层次理论，ERG 需要理论并不强调需求的顺序，认为三种需要可以同时作为激励因素而产生作用。当某种需要得到满足后，其对人的行为所产生的激励作用程度不仅不会减弱，反而会进一步增强,这一点在"成长发展需求"上表现尤其明显。同时,该理论还提出了"受挫—回归"思想,认为当较高层次的需求不能被满足时,作为替代,个体会向较低层次的需求回归。例如,如果一个人的社会交往需求得不到满足,那么他对更多金钱或更好的工作条件的需求和愿望就会增加。因此该理论提出,针对人的管理措施,应该随着人的需要结构的变化而机动调整,并且要根据每个人不同的需要,制定出相应的管理策略。

(2)职场认可行为。基于克雷顿·奥尔德弗的 ERG 需要理论,中智 EAP 经过研究,构建了一套职场认可行为的理论体系,对"正式认可行为"和"非正式认可行为"做了进一步探究。

非正式认可行为　指管理者在日常工作中对员工工作能力、表现、业绩和员工本身进行肯定和鼓励的行为,这类行为主要满足员工的相互关系需求和成长发展需求。

正式认可行为　指由于受到公司规章制度、政策和资源限制,无法做到及时认可的行为,包括绩效管理、年度考评、优秀员工表彰、升职晋升等。

(3)管理中的 7 种"非正式认可行为"。中智 EAP 还根据 ERG 需要理论的认可激励机制,将企业管理中的 7 种"非正式认可行为"分成两大维度,并做了整理和概括。

相互关系维度包含以下 5 种认可行为。

沟通认可　管理者与员工能建立并保持良好且有效的沟通关系,倾听员工、理解员工、调动员工热情。

尊重认可　管理者以人性化的方式管理员工,以尊重、重视员工的方式来激励员工。

信任认可　管理者对员工的工作能力表示信任,同时也能恰当地激发员工的自信。

宽容认可　管理者对员工能展示其亲切、友好和广阔的胸怀,使员工获得安全感。

情感认可　管理者在工作和生活中都能对员工进行适度的关爱。

成长发展维度包含以下 2 种认可行为。

榜样认可　管理者善于将员工树立为团体中的榜样,激发其工作的动力。

机会认可　管理者能够在有能力的情况下为员工提供工作的机会、工作资源、培训等职业发展机会。

2. 调研结构科学严谨，四个维度测量职场认可行为

有了扎实的理论体系，中智 EAP 又开发出一套专门用来测量管理层对员工认可行为的专业问卷，以极为严谨的结构，从四个维度测量职场认可行为。

（1）**对认可行为的满意度**。通过测量员工感受到的管理者的认可行为，来确认管理者在认可过程中的问题所在。

（2）**不同认可行为对员工的重要性**。测量七种不同类型的认可行为对员工的重要程度。

（3）**员工倾向的认可方式**。了解员工喜爱的认可方式和给予认可的对象。

（4）**认可行为对工作满意度的影响程度**。评估管理者的认可行为在多大程度上影响了员工的工作满意度。

3. 多渠道发起调研，样本丰富

2013 年 9 月 3 日至 2013 年 10 月 14 日，中智 EAP 全面展开职场认可行为调查。这次面向员工端的调研，采用两种不同方式的反馈，具体如下。

（1）2B2C 式调研。企业和员工的反应都较为"冷淡"，问卷收集较困难。这种方式需要企业在内部进行问卷投放和数据收集，由于是面向员工的调研，且需要员工反馈对所在职场管理行为或态度的评价，无论企业还是员工都较为敏感，存在一定的顾虑，最终只有 4 家外资企业参与了本次调研。

（2）中智 EAP 在关爱通线上平台直接向 C 端员工发起调研。这种方式下，员工无须填写公司名称，完全以匿名方式填写问卷，完成后还可以获得抽奖福利。这种无压力的调研方式，受到了员工的积极响应。

最终，调研一共收到了 1 759 份问卷，问卷人群样本丰富，覆盖行业广泛，其中为首的三大行业是制造业（28%）、金融业（14.6%）、IT（12.5%），员工性别、工作年限、职务级别等都有全面涉及，让本次调研成为一次典型的职场认可行为调查。

（二）呈现职场认可行为四大发现

本次调研，是一次对职场认可行为全面深入的研究。在根据调研结果形成的《职场认可行为调查报告》（以下简称《报告》）中，中智EAP向企业呈现出了四点重要发现。

1. 员工"不满意"大部分的非正式认可行为

员工对职场的非正式认可行为满意度普遍较低，其中，"榜样维度"的满意人数和满意分数均最低，这可能与中国受儒家思想影响，不善于公开表扬他人有关。在企业工作5～10年的员工，是对非正式认可行为最不满意的群体（见图3-32、图3-33、图3-34、图3-35）。

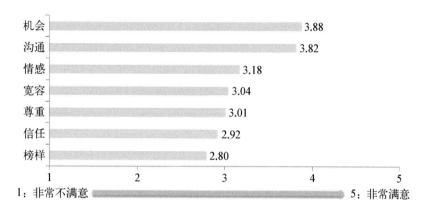

图3-32　企业员工对职场非正式认可行为的满意度

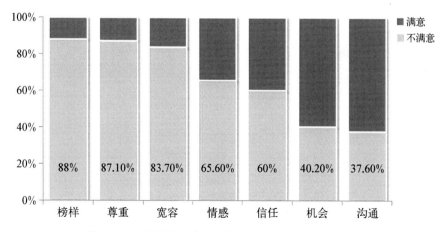

图3-33　企业员工对职场非正式认可行为的满意比例

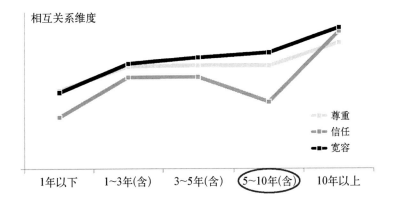

图 3 - 34　不同年限企业员工对非正式认可行为中的相互关系维度的满意度差异

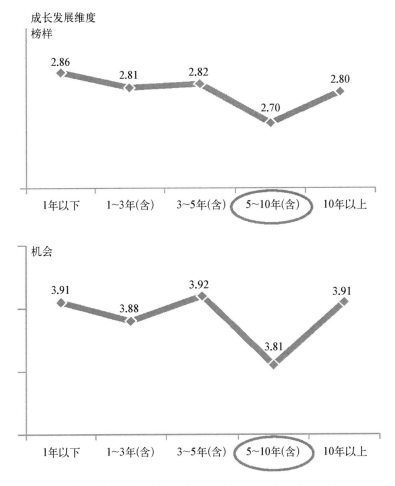

图 3 - 35　不同年限企业员工对非正式认可行为中的成长发展维度的满意度差异

2. 管理者对员工的非正式认可行为，会影响员工的工作投入、成就感、工作愉悦感

在"工作受到上级认可行为影响"一题中，超过七成员工表示，上级的认可行为会"部分影响"或"非常受影响"他们的工作投入（73%）、成就感（72%）、工作愉悦感（71%）（见图3-36）。

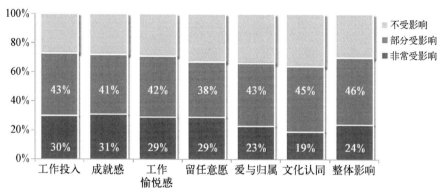

图3-36 管理者认可行为对员工工作的影响

3. 非正式认可行为对员工来说很"重要"

调研中，员工对所有非正式认可行为均给出了"重要"标签，在1~5分的评分标准中，非正式认可行为七个维度的分值均高于3.5分，其中，"机会"所获得的分值最高（4.15分），"榜样"分值最低（3.63分）。这也从侧面说明，在职场中，员工的被认可需求多元，但比起成为大家的"榜样"，员工更看重个人成长和发展的"机会"（见图3-37）。

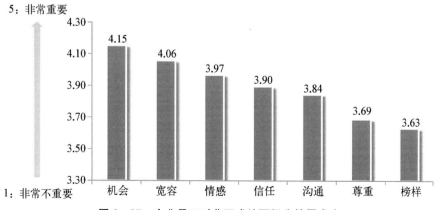

图3-37 企业员工对非正式认可行为的需求度

4. 不同职场群体的认可需求存在差异

研究发现,中、高层管理人员是认可行为的主要需求群体,基层管理人员更倾向让自己所在的团队受到认可,并且希望这种认可来自公司领导层(见图 3‑38、图 3‑39)。

	沟通	信任	情感	宽容	机会
一般员工	3.80	3.82	3.91	4.02	4.13
主管人员	3.94	4.02	4.06	4.08	4.18
中层管理人员	4.02	4.23	4.18	4.28	4.29
高层管理人员	4.02	4.33	4.19	4.19	4.21

图 3‑38　不同职务级别对非正式认可行为的需求

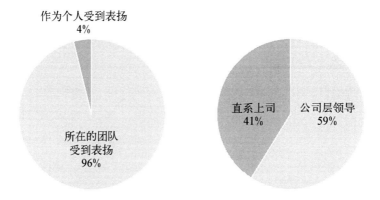

图 3‑39　基层管理者期望的认可方式

(三) EAP 为企业管理提供洞见,助力企业做好心理关怀

《报告》的发布,让企业看到了做好"非正式认可"对于企业价值观传递、落地的重要价值,打开了职场关怀的全新视角。

同时,《报告》也向企业展示出了 EAP 能够服务企业管理的实力与能力,向企业证明 EAP 不仅能为员工提升身心健康水平,还能帮助企业优化管理,提升员工绩效,是助力企业为员工提供全面心理关怀、提升企业管理能效的有效工具。

管理者职场认可行为调查

一、研究档案

研究名称：2014 管理者职场认可行为调查报告

研究时间：2014 年

（一）研究目的

延续 2013 年《职场认可行为调查报告》，继续深入调查和研究企业管理中的"职场认可行为"，并将调研对象聚焦在企业"管理者"。通过与员工的调研数据相对比，全面了解企业管理中认可行为的实施情况及效果反馈，期望通过调研数据让企业管理中的认可价值"可视化"，从而引导企业重视职场认可，采用有温度的职场管理手段，激发出员工的积极情绪，促进中国职场良性、可持续发展。

（二）历史价值

中智 EAP 持续两年围绕"认可行为"的调研，是针对"管理行为"双向研究的积极尝试，且在调研中，调研人群全面，数据扎实，研究方法科学专业，并最终得出"认可行为是全面薪酬的重要组成部分"的重要研究成果，为企业的高质量发展提供了高效管理指南，再一次向员工、企业、社会展示出 EAP 作为咨询工具的多元价值，对提升员工职场心理健康、激发组织活力、提高国民经济效益，都具有深远影响。

二、研究源起

2013 年，中智 EAP 就员工职场认可行为需求做了调研，明确了职场认可行为对企业管理存在不可估量的价值。金钱的奖励固然在一定程度上会增强员工的持续敬业度、减少员工离职、激励员工的工作热情，但在现代社会，仅靠金钱对员工的驱动力是远远不够的，员工更希望在金钱之外，能够获得人性和自我价值的认可。被企业认可自己对企业的价值，是每一位员工的内在心理需求。员工的潜力，会因为在职场中得到认可而被激发，而这种连锁反应，能够让职场认可行为成为创造高绩效的加速器。

那么，在日常的管理工作中，管理者对职场认可行为认知与行动究竟如何？他们的认可意识如何？工作中是否存在阻碍他们实施认可行为的问题？为了搞清楚这些问题，2014 年，中智 EAP 在"职场认可行为调查"的基础上，又开发了针对管理者的调研问卷，围绕"管理者风格、管理者在工作中实行认可行为的现状、认可行为的效果、在实际操作过程中遇到的问题"四大版块设计问卷，面向各行业的管理层展开调研。

三、研究贡献

（一）对比员工调研数据，洞察职场认可行为"真相"

2013 年和 2014 年开展的两次职场认可行为调查，让中智 EAP 有机会收集到员工和管理层双方对于职场认可行为的态度和执行情况反馈，在将两次调研的数据对比分析后，职场认可行为的"真相"逐渐清晰。

1. 管理者的认可执行与员工的被认可感受存在出入

在对非正式认可七种行为实施情况的自评中，管理者对每一种行为都打出了高于 4 分的分值（满分 5 分），这说明管理者们认为自己在日常管理中给到了员工相应的非正式认可，并且做得还不错。

那员工们的感受如何呢？从调研数据来看，管理者的这些非正式认可行为，在落地时多少都打了折扣。员工对非正式认可各维度的满意度都只在 3 分上下，其中，满意度最低的三项是尊重（3.01 分）、信任（2.92 分）、榜样（2.80 分）（见图 3 - 40）。

这一"真相"，为企业提出了一个需要重新思考的管理命题：管理者认为给予了员工"认可"，但员工却没有感受到相应的认可。对于企业和管

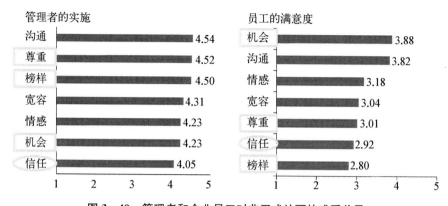

图 3-40　管理者和企业员工对非正式认可的感受差异

理者来说,就需要去思考给出认可的方式方法是否有效,并要寻找到能够改进和提升管理技巧与素养的方法,以便真正让"认可"落到实处。

2. "高业绩高关系"的管理者会给予员工更多的认可

不同管理者的管理风格都不同。在大家的普遍认知中,常常认为"低业绩高关系"的管理者更容易给到员工认可,因为这种类型的管理者更重视关系和个体感受,但相对不那么重视业绩。但调研结果却显示,真正愿意并且能够更多地给到员工认可的,反而是"高业绩高关系"的管理者,这类管理者尤其喜欢在机会、宽容、榜样、情感四个维度认可员工(见图 3-41)。

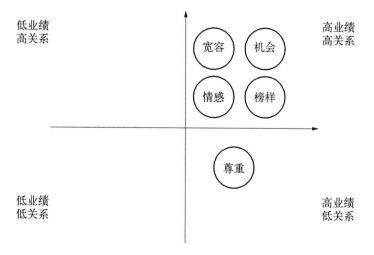

图 3-41　管理风格和实施非正式认可行为的关系

213

3. 非正式认可很重要，但缺乏实施认可的工具和资源

无论是员工还是管理者，都认为非正式认可在企业管理中是重要的，并且会影响员工的工作满意度和绩效。

调研中，86%的管理者认为"认可促进工作绩效"（见图 3 - 42）。在管理者看来，每一种非正式认可行为，都会产生相应的职场激励效果（见图 3 - 43），具体表现如下。

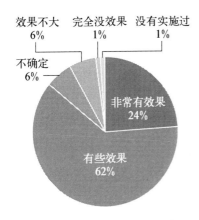

图 3 - 42　管理者对认可促进工作绩效的看法

（1）沟通认可——促进工作投入。

（2）尊重认可——建立良好工作关系。

（3）榜样认可——增加工作成就感。

（4）宽容认可——防止同样错误发生。

（5）情感认可——增强员工忠诚度。

（6）机会认可——激发潜能。

（7）信任认可——发挥能力。

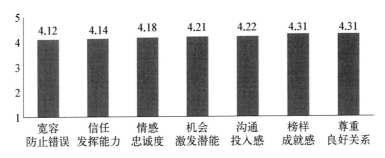

图 3 - 43　管理者对非正式认可的认可程度

虽然大多数管理者都认为非正式认可行为有效，但他们也同时指出了实施认可的"阻碍"。其中管理者选择最多的两个选项是"缺乏资源、工具"和"公司文化不重视"。这再次说明"环境"对于企业文化建设的重要性，要想建设出认可文化，企业就需要打造出认可的环境，而建设这种认可环境的关键之一，就是要为管理者提供推行认可的工具和资源。（见图 3 - 44）

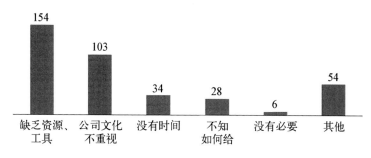

图 3 - 44　管理者在给予认可中遇到的阻碍

（二）解决了"谁需要认可""什么时候给予认可"的问题

一个有意思的发现是，只有 4% 的管理者认为"人人都需要认可"，而且在管理者对员工进行认可时，常常会遇到员工"不领情"的情况。究竟哪些员工更需要认可、哪些场景适合认可员工，中智 EAP 从这两次调研中为大家找到了答案。

具体来说，更需要管理层重视给予认可的员工，包含以下人群。

（1）自我意识严重并缺少团队精神的员工，多给予这类员工关注，可以让他们体会到公司对他们的重视。

（2）绩效较差的员工和绩效较好的员工更需要精神认可，一般人面对认可则不太领情。

（3）文化程度高、家庭经济较好、性格内向的员工，更倾向于接受精神认可，但精神和物质激励结合的效果会更好。

（4）高学历、高成就感的员工，特别是 80 后、90 后，认为精神认可很重要，但认可对低成就感的员工效果不大。

（5）40 岁以上的员工、新入职员工更需要精神认可，工作业绩平庸、能力强但缺乏团队协作的员工对于精神认可并不领情。

（6）入职资历不高的初级员工，比较需要宽容认可、机会认可、信任认可；有一定工作经验、能力较好的员工，更倾向于尊重认可、榜样认可、情感认可。如果员工个人价值观与公司整体发展方向不匹配，或公司无法满足员工最基本的待遇需求时，此类员工可能对精神认可不领情。

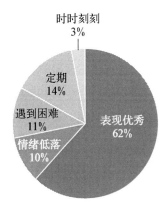

图 3 - 45 管理者对实施认可的场景

对于"什么时候给予认可"的问题,管理者的反馈集中在五个方面,排序从高到低依次为:表现优秀(62%)、定期(14%)、遇到困难(11%)、情绪低落(10%)、时时刻刻(3%)(见图 3 - 45)。

如何正确实施认可,这是一个没有标准答案的问题,但参与调研的管理者分享了他们实施认可的方法和效果反馈。中智 EAP 对这些案例一并做了归纳整理,供企业管理者们学习参考。

(1)认可工作成绩是最有效的激励方式。当员工完成工作任务时,即可予以认可,对做得好的部分立即进行赞扬。需要注意的是,这种方式不能频繁使用。

(2)所有人都需要精神认可,但也不能过于频繁,否则会导致精神认可贬值。

(3)当员工的工作表现较为突出时,择机及时表扬,效果很好。

(4)一般在正式的绩效评估或者谈话时,认可效果较好。

(5)在员工情绪波动大(如需要帮助、工作遇到困难、组织变革期),或工作有突破性进展的时候给予认可,及时让员工感受到被支持。

(6)工作任务多的关键时刻给予员工认可,能让员工感受到自身价值。

(7)在表现好的情况下就认可并给予肯定赞赏,同时在集体会议上表扬,员工会得到肯定,受到鼓励表现得更好;表现欠佳的情况下,单独沟通引导,员工会感激未被公开批评,并在今后自觉规避同样的错误。

2009—2019 中国企业员工
心理健康洞察报告

一、研究档案

研究名称：2009—2019 中国企业员工心理健康洞察报告

研究时间：2019 年

（一）研究目的

基于中智 EAP 10 年经典 EAP 项目的实施情况，形成行业大数据分析报告，为企业客户提供对 EAP 的思考框架以及指标体系和数据支撑，为同行提供数据参考，为中国 EAP 行业的大数据分析贡献力量，推动行业的健康发展。

（二）历史价值

中国 EAP 历史上较早出现的行业大数据研究报告，是中国本土 EAP 发展和探索的又一里程碑。

二、研究源起

2019 年，中智 EAP 对自主研发的 EAP 数据库进行 2.0 版本的功能升级。升级过程中发现，10 年间，已积淀了大量数据，且非常具有行业分析和研究的价值。

而在 2015 年 9 月，国务院印发《促进大数据发展行动纲要》，开始系统部署大数据发展工作。"大数据"积累与应用在各个行业快速兴起，到了 2019 年已蔚然成风。但在中国的 EAP 行业中，"大数据"仍然寂寂无声，到 2019 年，鲜有 EAP 服务商做过行业大数据分析研究。

这与 EAP 这个行业的商业模式不无关系。EAP 是一个 B2B2C 的业务，EAP 的服务商自身服务的客户数量及规模，决定了其积累沉淀数据的能量。那么基于自身服务数据的分析、研究以及公开发布，则一定程度上会披露 EAP 服务商的商业规模。

尽管 EAP 行业尚无大数据分析，而中智 EAP 已经拥有数据，也有能力做行业性的大数据研究。选择"商业"还是"专业"，这成了摆在中智 EAP 面前的一道难题。

但中智 EAP 毫不犹豫地选择了"专业"，决定开启这项研究，公布和分享 10 年沉淀的行业数据。毕竟，在 EAP 进入中国十几年后，没有专业的行业研究是件憾事。如果能通过这项研究提升行业和企业对于 EAP 的认知，并初步形成中国 EAP 行业数据库，也是利在当下、功在未来的一件好事。并且，在中智 EAP 看来，通过这个研究分享，可以为企业引入 EAP 时，提供思考框架及指标体系和数据支撑，让企业更容易、更清晰地了解 EAP、接受 EAP。这必将有利于推动 EAP 的良性发展。

于是就有了 2019 年最终发布的《2009—2019 中国企业员工心理健康洞察报告》（以下简称《2009—2019 洞察报告》），它是中国 EAP 行业的一次创举，也是中国 EAP 的一次行业数据的分析探索，开行业大数据研究之先河。时至今日，这份报告仍然有着巨大的价值和影响力。

三、研究贡献

（一）10 年数据，行业宝藏

《2009—2019 洞察报告》中所有的数据都来自中智 EAP 自主研发的数据库，数据的时间跨度从 2009 年 1 月 1 日至 2019 年 6 月 30 日。

这 10 年，也是 EAP 进入中国经过启蒙与初始阶段后走向繁荣的 10 年。这"依托 200＋企业客户，64 个经典 EAP 项目，累计 567 301 名员工及其直系亲属"的 10 年数据，是中智 EAP 的服务沉淀，也是中国 EAP 10 年繁荣的历史沉淀，是中国 EAP 不可或缺的行业宝藏。

能有这 10 年的数据积累，离不开中智 EAP 对数据库多年来的建设和发展。中智 EAP 数据库通过互联网技术,将成熟的线下 EAP 咨询服务管理搬到线上,实现了 EAP 咨询个案的数据化管理,包括企业信息管理、个案管理和跟踪等功能。这些平台功能,体现了中智 EAP 契合国际标准的个案管理流程,同时也展现了在咨询量大幅提升的情况下,数据库依然能够稳健运作的能力。这个数据库平台,是国内较早建立起来的 EAP 数据库,是中国 EAP 创新发展的产物和象征。更重要的是,在这个平台上,通过数据的积累,为企业 EAP 项目的横向、纵向分析提供了有力支持。

(二) 定义与标准的统一

《2009—2019 洞察报告》的另一个突出贡献,就是结合国际标准和本土化经验,对 EAP 相关概念进行了标准化的统一。

自从 1998 年 EAP 这个概念进入中国以来,中国的 EAP 就一直处于摸索前进的状态。这期间,由于从业者、服务商的见解和专业素养各不相同,加之为了适应中国本土需求,又会进行各种融合、改造,使得 EAP 的相关概念的内涵及外延等,众说纷纭,各不相同。这给 EAP 相关人员带来了一定困扰,也不利于 EAP 的良性发展。所以,在《2009—2019 洞察报告》中,中智 EAP 明确给出了一些定义,以及数据应用的选择标准,具体如下。

1. 定义"经典 EAP 项目"

中智 EAP 的"经典 EAP 项目"必须要同时符合三个特征,分别是项目服务覆盖全员(非特定群体的专案服务),服务必须包含(但不限于)启动及日常宣传、7×24 小时热线、项目管理,服务周期至少 12 个月。

2. 定义"特殊个案"

疑似罹患心理疾病(如抑郁症、焦虑症、双相情感障碍、精神分裂症等)需进行进一步医学诊断及已经确诊心理疾病的个案,或因人格偏差、发生重大应激事件等导致存在自杀、自伤或他杀、他伤倾向的个案。

3. 明确"咨询率的测算方式"

咨询率是业界主流衡量 EAP 项目效果的重要指标,也是最容易操作和评判的方法。由于各 EAP 服务商的运作模式不同,对于咨询率的测算

公式也有较大差异。常见的两种测算方式为

人数咨询率＝全年使用咨询的总人数/全年项目覆盖的员工总数

时数咨询率＝全年使用咨询的总时数/全年项目覆盖的员工总数

中智 EAP 采用的是"时数咨询率"这一方式。

4. 明确"咨询效果反馈要素"

在咨询结束后的 2 周,中智 EAP 会对每一位咨询服务的使用者进行回访,由他们进行真实评价并反馈咨询的改善度、满意度以及使用意愿。其中,改善度包括求诉后的改善度、工作/生活的改善度以及情绪的改善度;满意度包括对咨询师的满意度、咨询安排的满意度;使用意愿包括是否会再次使用 EAP 咨询、是否愿意推荐有需要的同事或者直系亲属使用。

(三) EAP 五大维度的指标体系和数据支撑

"像我们这样的企业,一般会有多少员工使用 EAP 咨询?""这个比例多少是合适的?""员工们都会咨询哪些问题? 工作相关问题吗?"这些问题,与 HR 的工作开展息息相关。

《2009—2019 洞察报告》的另一大重要贡献,就是通过研究报告的五大维度,专业地解答了这些一直被关注但没有明确答案的问题,由此为企业客户提供 EAP 的指标体系和数据支撑,也提升 HR 内部汇报的真实性和科学性。

维度一　咨询使用者的人群特点分析,展现"谁在用 EAP"

"究竟是什么样的员工会使用咨询呢?"如果能够回答这个问题,或许可以从某种程度上帮助管理者更好地理解员工的心理诉求和行为特点,从而制定出更契合员工特性的员工关爱方案。

《2009—2019 洞察报告》中呈现出数据分析结论,即咨询使用者的特点为: 女性员工居多,年龄集中在 21～40 岁;入司年限以 1～5 年为主;员工生活城市主要来自北京、上海以及广东、江苏、浙江等省份。

维度二　咨询议题分析,展现"咨询哪些内容"

咨询议题,指员工(及其直系亲属)使用咨询时的主要困扰,即因为

"什么问题"寻求咨询服务。

《2009—2019 洞察报告》中呈现出数据分析结论,即最受员工关注的三大议题分别是婚恋关系(占 22.4%)、家庭关系(占 19.1%)和个人成长(占 15.3%),均与生活和个人问题相关。而在所有议题中,与工作相关的议题占 24.3%(见图 3-46、图 3-47)。

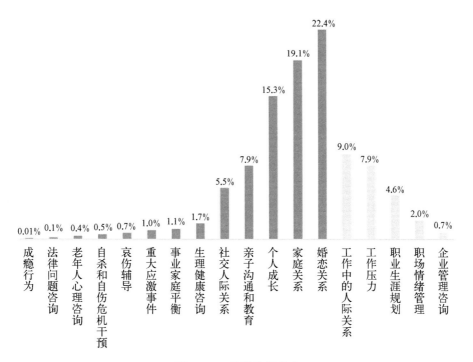

图 3-46 咨询议题分布

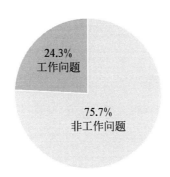

图 3-47 工作与非工作咨询议题分布

另不同行业的员工特征不同，咨询的议题也有差异之处。中智 EAP 发现，科学研究行业和金融行业，咨询工作类议题上比例较高，其中科学研究行业最为困扰的是员工压力方面的问题。互联网企业在工作压力、职业情绪管理以及职业规划方面困扰最多。医药、制造、批发零售业则在生活类问题上比较突出（见图 3 - 48）。

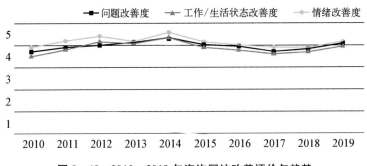

图 3 - 48　2010—2019 年咨询回访改善评价年趋势

维度三　咨询效果分析，展现"效果怎么衡量"

在咨询结束后的 2 周，中智 EAP 会对每一位咨询服务的使用者进行回访，由他们进行真实评价并反馈咨询的改善度、满意度以及使用意愿。

《2009—2019 洞察报告》中呈现出数据分析结论，即咨询后对"情绪状态"的改善程度最大，均值为 3.7 分；"求诉问题"的改善度为 3.7 分；"工作、生活"的改善度为 3.6 分。三者均在 3.5 分以上，可见使用者在主观感受上认为咨询对于其求诉问题、生活、工作的状态及情绪均有一定程度的改善（见图 3 - 48）。（《2009—2019 洞察报告》中以 5 点计分，1 分为"完全没有改善、非常不满意"，5 分为"有很大改善、非常满意"）

维度四　咨询率分析，展现"使用情况怎么样"

《2009—2019 洞察报告》中呈现出数据分析结论，近 10 年来，中智 EAP 实施的经典 EAP 项目咨询率基本稳定在 5%～15%，平均为 10.1%。而在 2013 年创下"小高峰"，咨询率高达 17.5%（见图 3 - 49），主要原因为当年小型企业客户数量的急剧增加。企业规模越小，咨询率越容易偏高。

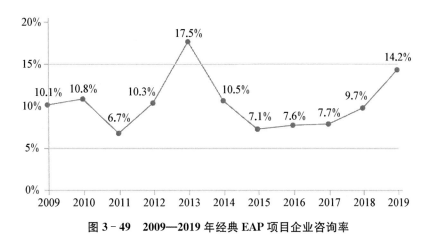

图 3‑49　2009—2019 年经典 EAP 项目企业咨询率

维度五　特殊个案,解决"特殊案例占比"的问题

《2009—2019 洞察报告》中呈现出数据分析结论,2009 年到 2019 年间,中智 EAP 所处理的特殊个案共占所有咨询个案的 8.5%(见图 3‑50)。

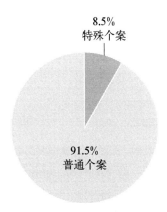

图 3‑50　特殊个案分布

2020—2022 全球公共卫生事件下的
职场心理健康洞察

一、研究档案

研究名称：2020 中国企业员工心理健康洞察报告(第二、三部分)
2022 全球公共卫生事件下职场心理健康洞察
研究时间：2020 年,2022 年

研究目的

持续跟踪 2020 至 2022 年全球公共卫生事件期间职场群体的心理健康状况,聚焦该事件对职场心理健康的影响,帮助企业洞察员工在"全球公共卫生事件"这一重大事件之下的心理状态和实际困扰,梳理分析企业面临的管理问题,为企业提供"全球公共卫生事件下员工心理健康管理"的指导性数据支持及建议,提升企业在风险事件下的员工关怀能力,促进企业健康、可持续发展,也为加强社会心理服务体系建设贡献出一份力量,为健康中国的建设鼎力护航。

历史价值

这是在社会突发事件中,积极运用 EAP 工具,为社会、企业提供数据参考及指导建议的一次创新尝试,体现出了 EAP 服务的核心价值;也是在面临全球公共卫生事件,对中国职场人群的一次深度心理健康洞察,是中国本土 EAP 逐渐发展成熟、承担社会责任的重要标志,也为社会和企业应对更多风险事件,积累了可供复制的珍贵的有益经验。

二、研究源起

2019 年末到 2020 年初,全球公共卫生事件突发,并在此后的 3 年里对全球经济秩序带来巨大冲击。

研究发现,当大型社会公共危机事件发生,罹患心理疾病的人数就会增加,且需要较长时间才能重新平复。此次事件同样让我们面临这样一次大考,而过程中,企业和个体是否拥有健全的身心等“免疫力”,决定了我们能否平稳度过这次危机。

令人欣慰的是,党和政府、组织、社会各界对心理健康的关注日益增强,心理健康服务需求持续提升。中智 EAP 体现央企责任担当,响应党中央号召,全球公共卫生事件伊始,就高度关注员工的心理健康问题,先后两次开展相关调查研究,洞察职场困境,帮助企业纾困解难。

2020 年中智 EAP 发布《2020 中国企业员工心理健康洞察报告》(以下简称《2020 洞察报告》),就该全球公共卫生事件对职场心理健康的影响进行了首次分析,发现了该事件引起员工心态的变化,同时,EAP 咨询量也显著上升。

2022 年,全球公共卫生状况再度严峻。百度指数显示,2022 年 3 月 14 日至 6 月 12 日期间,“心理咨询”的搜索量同比增加了 423%。这一数据说明,在该事件的冲击下,个体对心理咨询的需求激增,人们的心理健康意识日渐增强,越来越多的个体开始愿意主动向专业心理咨询服务寻求帮助。

几乎同一时间,中智 EAP 个案中心接到的预约咨询数量开始增加。仅 2022 年 4 月,中智 EAP 7×24 小时心理咨询热线提供的咨询量就有 5 500 多例,接线量同比增加 77.4%,线上心理平台“答心”访问量增加 666%,很多来访者在来电中都表达了自己在此期间所产生的情绪困扰。

在全球公共卫生事件发生期间,个体似乎已经习惯了工作和生活方式的变化。但当形势波动,员工的心理咨询需求仍会随之激增,这一现象引起中智 EAP 的关注,并开始思考:

在新形势下,员工的心理健康状况会呈现怎样的特点?使用 EAP 服务的员工心理画像是怎样的？这些员工都会咨询哪些议题？管理者又会遇到怎样的困扰？

而更进一步的思考则是：EAP 已经在中国发展超过 20 余年，是不是能从中总结出一些本土经验和规律性的认知，为未来可能遇到的其他突发公共卫生事件带来参考和指导？另外，此次全球公共卫生事件既是考验，也是契机。通过进行全球公共卫生事件相关的讲座、报告和分享，能让更多的企业关注 EAP、重视 EAP、引入 EAP，让企业和员工都能以一种正向循环的力量向上发展。

使命在肩，中智 EAP 基于《2020 洞察报告》再次进行相关研究，收集了 2022 年 3 月 14 日至 6 月 12 日的咨询数据。这段时间刚好对应了上海再次经历突发公共事件的艰难时期，而数据中 1 282 条相关议题的咨询，可以对员工心理健康展开全面洞察。

这些研究，最终汇成了《2022 全球公共卫生事件下职场心理健康洞察》（以下简称《2022 洞察》），与《2020 洞察报告》一起，成为近几年员工心理健康问题研究的珍贵史料，有着巨大的研究参考价值。

三、研究贡献

（一）研究分析扎实且全面，赋能历史研究

面对世界各国共同关注的突发公共卫生事件，地球村的每一个公民都难以逃离该事件所产生的影响。而中国，一个占据全球总人口 1/6 的超级大国，在此期间的群体心理健康状态具有极高的代表性，与之相关的数据则是中国乃至全球都值得研究的宝贵资料。

报告的整体时间横跨 2019 年到 2022 年，每一份报告具体的研究区间，都是中国在全球公共卫生事件中富有代表性的节点。其中：

2020 年初，全球公共卫生事件刚开始。中智 EAP 在 2020 年 2 月 4 日至 3 月 9 日，以身心健康问卷形式，对在职人群展开调研，收回 3 411 份有效数据。该问卷以 GHQ - 12 为基础，通过社会功能（正常交流协作的能力）、焦虑/抑郁两个维度，评估员工在全球公共卫生事件期间的社会功能受损程度，以及焦虑/抑郁水平。关于这次调研的分析，《2020 洞察报

告》的第二和第三部分，做了全面解读。

2022 年春天，上海针对全球公共卫生事件启动新一轮管理模式，再次引发全球关注。中智 EAP 收集了 2022 年 3 月 14 日至 6 月 12 日 1 282 条涉及该事件相关议题咨询数据，对咨询的人群画像、议题、情绪问题等，做了全面且深入的研究分析，并根据分析结果，完成了《2022 洞察》。

两份报告的研究分析扎实且全面，展示出了中智 EAP 的成熟与实力。中国员工在全球公共卫生事件下的心理健康群像的记录与分析，无论是在当下，还是在未来作为史料，都是不可多得的参考资料。

（二）数据支撑，让企业直观理解员工面临的挑战

2022 年，中智 EAP 在《2022 洞察》报告中显示，当人们的生活状态切实受到影响时，职场心理健康风险就会增加。在这种情况下，企业尤其需要加强对员工的关怀，及时给到各项心理上的支持，帮助员工渡过眼前的难关。

现实中，很多企业也清楚，员工在特殊时期需要心理关怀与支持，但却苦于不了解员工的具体困扰和需求，不知从何处着手。

《2022 洞察》通过三大研究发现，回答了企业关注的核心问题，帮助企业直观了解员工的心理困扰，让企业在面临深刻复杂变化的发展环境下，可以及时构建预防、改善、促进多举措共行的全面企业风险管理体系，以提升企业职业健康管理水平，最大限度减少员工身心健康风险：

1. 全球公共卫生事件下使用 EAP 的员工，女性依然是主体

2022 年的数据显示，全球公共卫生事件下女性员工依然是咨询服务的主要使用者，占整体使用者的 73.85％，该比例，与中智 EAP 发布的《2020 洞察报告》结果一致。

传统文化中，男性倾向于将"求助"（即便是向专业人士的求助）视为"脆弱""无能"的表现，因而在 EAP 咨询中，呈现出较少的男性使用者和较多的女性使用者这一特点。

2. 员工咨询最多的三大议题是工作相关、情绪困扰、个人成长

这两份报告的时间跨度长达三年多，在《2020 洞察报告》的研究显示，

"家庭关系"和"工作压力"是员工求诉最多的两大问题，单纯"因全球公共卫生事件直接产生的焦虑恐慌"仅在咨询中占一定比例。

当时间进入到 2022 年，《2022 洞察》的研究结果显示，"情绪困扰"已经成为员工在该事件下的第二大咨询问题（见图 3‑51）。

图 3‑51　全球公共卫生事件下前三位议题排名

中智 EAP 对这三大类问题数据做了进一步分析，从中得到以下发现。

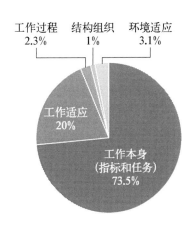

图 3‑52　工作议题相关分析

"工作相关"议题中，"工作本身"（即工作指标和任务），是员工工作压力的最大来源（占 73.5%），其次是"工作适应"（占 20%）（见图 3‑52）。这有两方面的原因，一是突然严峻的外部环境，给工作带来诸多变数，但员工的业绩指标不会因为环境而变化，导致压力陡增；二是，全球公共卫生事件下居家办公的条件参差不齐，工作环境的变化，使得一些员工无法快速适应工作，从而产生压力。

"情绪困扰"方面，焦虑、抑郁是全球公共卫生事件下困扰员工最多的两个问题，占比分别为 64.4% 和 21%（见图 3‑53）。产生焦虑情绪的员工们，问题聚焦在对工作和生活的变化感到不知所措、对未来的工作感到不安、找不到生活的动力和意义，以及有部分员工会出现创伤反应。

"个人成长"则是全球公共卫生事件下员工寻求心理帮助的第三大议题。外部世界的复杂多变,让人们开始思考生命的价值和意义。在员工群体表现为,他们希望与咨询师探讨对世界、人生、价值等方面的理解,也表达出希望锻炼、提升自身能力,以更好地应对未来生活的意愿。这是一种积极正向的沟通诉求,

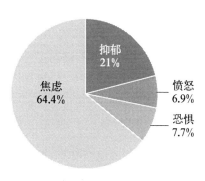

图 3 – 53　情绪议题分析

有助于员工更好地应对危机,将心理素质提升到更高的功能水平。

3. 管理者更需要"在全球公共卫生事件下安抚员工情绪"的相关指导

管理者在全球公共卫生事件下所遇到的困扰,是中智 EAP 在研究中的另一项重要发现。

当全球公共卫生事件出现,管理者要面对个人和企业的双重压力,要处理企业业务发展遇到的挑战,要安抚员工心理上出现的不安全感,还要适应工作节奏的变化,这都极大地增加了管理者的管理难度。

在管理者与该事件相关的咨询议题中,45.45%的困扰集中在"如何安抚员工情绪",36.36%的困扰集中在"如何管理和安排员工的工作",18.18%的困扰为"远程办公环境下对员工的管理困难"(见图 3 – 54)。

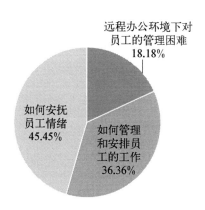

图 3 – 54　管理者咨询议题分析

这一研究发现,帮助企业明确了一个管理者核心能力的培养方向:要在日常对管理者加强心理学、远程管理、应对突发事件的处理方法等能力的培训和培养,当再次发生类似的突发公共事件时,企业才能拥有敏捷应对的能力。

(三)指导企业实施心理关怀,筑牢职场心理健康"防火墙"

"企业如何在全球公共卫生事件下更好地实施心理关怀"的建议,是

中智 EAP 在职场心理健康研究的经验萃取，让企业在看到员工的心理需求，又能找到关爱员工心理健康的科学依据。

方案中给出的建议，围绕短期和长期两个方向展开：

1. 短期建议

企业可以加强对特殊时期需要心理关怀员工的帮助。比如，对心理状态不佳的员工重点关注，主动提供心理支持。

2. 长期建议

企业可以构建预防、改善、管控多举措共行的全面企业风险管理体系，提升企业职业健康管理水平，最大限度管控员工身心健康风险。

船员心理健康关爱

一、研究档案

研究名称：船员心理健康关爱手册

研究时间：2019 年

（一）研究目的

研究船员这一特殊群体的心理健康状态，探索为船员这一特殊群体提供个性化心理服务的方法，帮助企业解决船员队伍心理健康建设问题，更好地开展船员心理关怀，为船员普及相关知识、提供专业及经验性支持，让船员方便地获取心理健康方面的知识，学习和掌握应对心理困惑的方法，增强自身的心理弹性和能量，以便更好地在船工作和在岸生活。

（二）历史价值

本次研究，是 EAP 深入到船员这一特定群体的一次尝试，开启了船员心理健康研究的开端，取得了"船员群体存在独特心理保健模式"的重大研究发现，对于 EAP 深入服务本土特殊群体的心理健康事业意义非凡。更重要的是，此次研究成果，有助于打造出拥有强韧心理素质的船员队伍，有效促进航运安全生产，同时也是我国履行国际海事组织 STCW 公约，重视船员健康的重要体现，助力我国建设航运强国，满舵前行。

二、研究源起

2018 年，一个规模较大的国际海员派遣机构，主动找到中智 EAP，表示船员工作精神压力较大，咨询是否有针对船员的个性化心理服务。这次咨询,促使中智 EAP 开始关注船员这一特殊群体。

在对船员群体进行初步研究后,中智 EAP 发现,由于工作的特殊性,船员们需要长时间出海,这使得他们日常工作和生活的环境,与普通大众存在巨大差异。因此,所遇到的心理问题和所需要的疏导方式,也存在特殊性。

一场双向开展的研究就此开始。一方面,国际海员派遣机构关注到船员们存在心理健康问题,意识到心理关怀的重要性,想要借助专业力量,为船员们提供心理援助;另一方面,在此之前,中国 EAP 行业缺乏对"船员"这类特殊群体的相关服务和研究经验,中智 EAP 希望能够借此机会,在专业精深的道路上开拓创新持续发展,以积累为船员,以及更多特殊群体服务的能力。

在提升特殊群体心理健康的共同使命下,面向船员群体的个性化心理健康关爱研究,由此开启。

三、研究贡献

(一) 突破难点,找到特殊群体研究思路与方法

要想研究船员群体的心理健康状况,中智 EAP 需要先解决两大难题。

1. 难以召集研究对象

船员的工作性质,决定了他们要么出海在船上工作,要么是在岸休假,招募到满足研究需求的船员,是开展工作的难点之一。

2. 难以精准描绘群体心理画像

由于缺少对船员群体的相关心理咨询服务和研究案例,研究对象又难以招募,如何发现及挖掘船员在海上、陆地工作和生活的心理问题,也是一大难点。

在与企业进行全面深入的交流沟通后,中智 EAP 逐一突破难点,找到了针对船员群体开展心理研究的方法,探索出了一套科学、完善的研究方案。做法如下。

(1) **研究方式**。采用结构化访谈的方式,研究者本人作为研究工具,

以当面或电话访谈形式,对受邀船员进行一对一深入研究,并基于访谈对船员群体的心理特征和需求进行分析,从中归纳发现共性及个性化的船员心理健康状况。

（2）**项目流程**。为保证研究的科学性、准确性,中智 EAP 首先就该课题咨询了业内专家,基于专家建议拟定采访提纲,并制定了周密的实施方案。其次,确定访谈对象,在全面、深入的原则下,受访人员覆盖航运过程中各个岗位上的新老船员（船长,轮机长,大副、二副、三副,大管轮、二管轮、三管轮,水手长-机工长、水手-机工、甲板-机舱和实习生等）。之后,在企业的大力协助下,选择访谈人员,展开访谈工作,并完成《船员心理健康关爱手册》（以下简称《关爱手册》）的编制工作。

（二）让"船员群体存在独特心理保健模式"成为行业重大发现

船员群体存在独特心理保健模式,是此次对船员群体研究的一个重大发现。

船员在航海过程中,长时间生活在封闭环境中,外界自然环境又不稳定,这些内外环境因素,导致船员的精神长期处于紧张状态,激发出了他们强烈的安全忧患意识,会严密检查每个工作环节,力求做到一丝不苟。由于出海期间精神高度紧张,船员到岸后的休假时间也相对较长,这能有效帮助他们舒缓精神,以饱满的精神再次起航。

在这种反复地从紧张到舒缓的工作节奏中,船员群体发展出了一套天然朴素的心理保健模式,让他们能够应对在船工作的单调,缓解与亲人聚少离多的思念。

这一重大发现,让研究团队意识到,船员群体的心理健康状态有其独特之处。为此,访谈人员在一次次访谈过程中注意收集船员们反馈出的这种差异,并将相关问题带入之后的访谈,以探寻出更多有益群体观察的信息。最终,研究团队找到了为这一特殊群体提供心理健康援助的突破口,研制出了一套面向船员的心理健康手册,为船员普及心理健康相关知识,提供专业及经验性的指导与支持。

（三）加深 EAP 在企业端的普及与推广

企业在最初找到中智 EAP 进行咨询时，对于 EAP 并不熟悉，只是单纯地想要为船员提供一些心理方面的疏导。但研究期间发生了一个小插曲，让企业对 EAP 咨询服务的功能有了进一步的了解，激发出了企业想要获得更多 EAP 服务的诉求。

在一次船员访谈间隙，访谈工作人员接到了一个关于危机干预的项目咨询电话，陪同的企业领导在得知 EAP 能够进行危机干预后，立即提出部分船员群体也有自杀倾向问题的存在，希望能就相关危机干预进行专项研究。

一通偶然的咨询电话，打开了企业想要进一步了解和使用 EAP 的兴趣。这说明，在这家企业的管理当中，虽然对船员心理健康的关怀意识才刚刚萌发，但管理层已经开始意识到相关服务和研究的重要性，并希望能够进一步推动对于 EAP 的使用，不失为 EAP 在中国本土扎根、辐射的一个标志。

（四）使船员们感受到了企业的用心关怀

常言道，用真心换真情，用实干赢信任。访谈中，受访船员纷纷表示，企业对船员群体心理问题的认真对待，并且开展研究，认真倾听他们的经历和思考，这一举动本身，就给到了他们很多支持，让他们感受到了来自企业的用心，找到了职场归属感，今后在海上乘风破浪的日子，也多了一份笃定和温暖。

（五）总结出针对船员群体的独特心理关怀方案

有了服务国内大型国际海员输出机构的先例，行业中关于船员群体心理援助的案例陆续开始增加。中智 EAP 在此后为另一企业定制的《关爱手册》中，专门提供了帮助船员放松减压的系列方法，积累出了助力特殊群体身心健康的成熟经验。

即时配送行业心理服务指南

一、研究档案

研究名称：即时配送行业心理服务指南

研究时间：2021 年

（一）研究目的

基于对即时配送行业从业者使用 EAP 咨询的数据研究，形成一套心理服务指南，以便更多从业者了解心理健康的重要性，获得情绪疏导、应对困扰的调节技巧，知道什么情况下需要求助以及在哪里获得帮助。同时，也希望基于这份《即时配送行业心理服务指南》（以下简称《指南》），引发社会和行业对该职业群体心理健康的关注，引导企业正视从业者存在的心理健康相关问题，并通过《指南》中实用的心理知识和技巧，帮助企业优化管理，做好员工心理健康关怀。同时，也在更广泛的层面上，对社会上的更多同类型其他群体产生影响，构建出心理韧性更加强健的健康社会。

（二）历史价值

基于面向即时配送从业者的咨询热线运营两年来所积累的经验，为骑手普及心理常识的同时，提出了实操性极强的调节方式与心理训练，填补了该领域国内 EAP 服务的一项空白。

《指南》发布后，从业者阅读已累计达到 62 万余人次，推动了全行业从业者进行自我心理疗愈。

中央财经大学企业与社会心理应用研究所所长、教授赵然表示："该

《指南》是一次有勇气、有价值的探索，对于即时配送从业者这个群体的深入研究和服务探索，不管在 EAP 服务创新还是在塑造和谐社会、健康中国方面都极具价值。"

二、研究源起

即时配送行业的出现，让人们的生活更加便捷。但随着互联网技术的发展，社会节奏的加快，即时配送从业者的行业标准越来越高，他们在工作中的压力也越来越大。

一直以来，由于即时配送工作独来独往、人员流动性大，使得从业者所获得的社会支持相对较少。而即时配送工作的特殊性，使得该群体在工作常常面临时间压力和客户满意度的双重挑战，但由于行业中鲜少有针对其从业者的心理健康服务，使得从业人员缺乏正确处理压力、情绪问题的指导，面对持续增加的压力，部分从业者在一定的场景下会出现情绪爆发，甚至与他人产生冲突。

现实中，除了即时配送行业，还有很多行业的从业者都亟须加强心理健康服务。令人欣慰的是，职业人群的心理健康问题已经开始受到国家重视。中共中央、国务院于 2016 年 10 月 25 日印发了《"健康中国 2030"规划纲要》（以下简称《纲要》），并发出通知，要求各地区各部门结合实际认真贯彻落实。《纲要》中指出，要加强心理健康服务体系建设和规范化管理，加大全民心理健康科普宣传力度，提升心理健康素养。同年 12 月，22 个部委联合印发《关于加强心理健康服务的指导意见》，要求企事业单位要"普遍开展职业人群心理健康服务，制定实施员工心理援助计划，为员工提供健康宣传、心理评估、教育培训、咨询辅导等服务，传授情绪管理、压力管理等自我心理调适方法和抑郁、焦虑等常见心理行为问题的识别方法，为员工主动寻求心理健康服务创造条件。

为了舒缓即时配送行业从业者在日常工作生活中遇到的心理压力及难解的负面情绪，营造健康向上的即时配送行业心理氛围，2018 年，一家即时配送行业的头部企业开始为旗下的即时配送从业者提供心理咨询服务，并在 2019 年携手中智 EAP 共同承担起社会责任，为即时配送从业者开通 EAP 即时热线服务,向近百万从业者提供 EAP 咨询服务。

　　EAP 咨询服务推出三年后,为了向更多即时配送行业从业者提供精神关怀,让大家重视心理健康,进一步完善对行业从业者的心理健康科普,《指南》应需而生。该《指南》基于从业者在咨询热线中咨询的高频问题以及相关数据分析而成,梳理归纳出了这一职业群体的心理困扰,并给出了有针对性的调节方案,希望不仅能帮助这一特定群体建立起心理健康屏障,还能唤醒更多的其他企业和个人的心理健康意识,为达成“高效企业和幸福员工”的愿景做出贡献。

三、研究贡献

(一) 扩大 EAP 服务群体边界,驱动企业升级员工心理关怀

　　EAP 作为一个舶来品,最初引入 EAP 的企业多为在华外企。之后,一些大型国企、有前瞻心理健康意识的民营企业开始加入为员工提供 EAP 咨询服务的阵列。

　　尽管为员工购买 EAP 服务的企业越来越多,但能享受到 EAP 服务的员工仍相对比较集中,典型画像用三个关键词足以概括——白领、大城市、大公司。要想让 EAP 覆盖社会面上更广阔的群体,任重道远。

　　因此,作为国内面向即时配送行业从业者这一特定群体提供 EAP 咨询服务的项目,它所产生的贡献不单单是为即时配送行业从业者提供心理健康服务,还要拓宽 EAP 的服务人群,让更多行业的企业意识到员工存在心理健康关怀的需求,让以往被忽略的职场群体得以享受到 EAP 服务,以更加健康的姿态投入工作。

(二) 探索服务特定群体经验,助推行业向成熟迈进

　　在此之前,EAP 行业尚未有过类似服务即时配送行业的案例,这让此次服务和研究的成果,成为对行业的一大特殊贡献。

　　由于这个行业覆盖的人员之多、地域之广、人员构成复杂,在中国心理服务历史上都是前所未有的,想要向这样一个庞大而复杂的群体普及心理健康知识,难度可想而知。

中智 EAP 迎难而上，考虑到即时配送从业者的年龄、学历、生活经历复杂多样，普遍缺乏对心理健康的基础认知，因此，《指南》将第一个模块设定为心理健康基础知识普及。从基础开始，帮助大家学习、认识心理健康。其他三个模块，则围绕工作、生活、特定情绪调节三大主题，结合高频咨询中的典型案例，对即时配送群体常见的心理困扰和从事即时配送职业所需要的心理训练，进行详细剖析和指导，最终撰写成一本可读性强、实用性强的《即时配送行业心理服务指南》。

例如，即时配送行业从业者在工作时，常常会因为天气、交通问题而迟到。面对商家的指责、客户的投诉，"愤怒"是这一职业群体常见的情绪反应。在《指南》中，会向大家剖析人在产生愤怒情绪时的普遍反应，并给出正确表达愤怒的指导建议。

这是一次为即时配送行业提供 EAP 服务的成功尝试，也是 EAP 在中国进入发展成熟期的重要象征，其沉淀下来的服务经验，将推动行业在未来为更多特定群体提供专业、高效的 EAP 服务。

(三) 普适性极强，由点及面提供心理"指南"

《指南》结构清晰且通俗易懂，围绕即时配送行业从业者在工作、生活不同场景下的心理问题，提供了有针对性的调节方案，具有很强的普适性。

1. 心理健康基础知识普及

当人出现一般心理问题时，有时会因为缺少科学的情绪调节和压力疏导而"恶化"成严重的心理疾病。因此，懂点心理健康基础知识，在每个人的日常生活和工作中都"很有必要"。

《指南》用生动的语言，从科学视角帮助大家建立起对心理健康的正确认知，提升了群体识别情绪、压力和心理问题的能力。同时，为了鼓励大家在发现自己或身边的人出现心理疾病状况时，能及时向医生或向 EAP 专家寻求援助，《指南》还对心理咨询做了相关科普，改变大家对心理问题和心理疾病的"认知偏差"，让大家正视心理健康，重塑健康心理。

2. 工作生活中常见心理困扰的调节

《指南》从即时配送行业从业者咨询较多的案例中，筛选出了大家在工作生活中常见的心理困扰,针对这些问题,《指南》逐一分析了产生这些情绪和心理问题的原因,并从工作和生活的多个角度为大家支招,结合行之有效的调节方法,帮助大家在短期内快速调整负面情绪和压力,以坚固的心理基石,重获对生活的掌控感。

3. 职业所需的常见心理训练

心理训练是一种持续地、有针对性地、循序渐进地心理干预方法。与心理咨询相比,日常的心理训练更具实操性,掌握了心理训练的方法,相当于为自己配备了一个万能工具包。

因此,《指南》针对即时配送行业从业者在日常工作中比较常见的状况,有针对性地罗列了翔实的心理训练方法,包括正确表达愤怒和处理愤怒情绪、抵抗焦虑情绪、正确认识并面对悲伤、建立自信以及消化压力、提高心理弹性。通过让大家掌握心理训练方法,帮助即时配送行业从业者提高自控和调节心理的能力,以良好的心理状态让工作和生活产生良性循环。

《指南》所提供的心理健康指导科学专业又通俗易懂,发布至今,受到即时配送行业、心理健康服务行业、媒体的持续关注、传播,极具社会影响力。

第 四 辑

展望未来篇

中国 EAP 20 年的发展，汹涌澎湃、气势磅礴。回顾历史，是为了更好地展望未来，走好当下的路。本辑内容，从全球化、数字化、网络化、智能化几个维度，前瞻性地研究和思考，擘画中国乃至世界 EAP 未来发展的蓝图，同时，也希冀在业内外凝聚起更强大的合力，共同积极推动健康中国的建设，让 EAP 发挥出不可或缺的作用。

未来发展之想象及愿景

如果时光倒流到 2000 年,你会相信网络和手机将会和自己的生活紧密绑定,通讯、工作、娱乐、出行几乎都离不开它们吗? 截至 2022 年 6 月,中国网民规模达 10.51 亿,互联网普及率提升到 74.4%,2023 年中国智能手机用户总数达到了 11 200 万。

如果时光倒流到 2013 年,你会相信自己可以足不出户,通过外卖就能解决一日三餐吗? 甚至通过外卖或快递购药订花,可以随时随地获得健康、享受生活吗? 根据艾瑞咨询的数据显示,2019 年中国外卖市场规模就已经达到了 6 530 亿元。

如果时光倒流到 2015 年,你会相信自己可以如 007 那样通过"刷脸"自由进出大楼、通过"刷脸"完成银行交易,甚至直接"刷脸"进行身份验证吗? 随着人脸识别技术的持续深入和应用场景的广泛普及,预计到 2025 年,中国计算机视觉人脸识别市场规模将突破千亿级别。

如果时光倒流到 2022 年,你对人工智能(以下简称 AI)的理解和定位是否依然仅停留在斯皮尔伯格的电影 *AI*,*Artificial Intelligence* 或者科幻片 *Ex*,*Machina*? 直到,ChatGPT 横空出世。

不得不承认,我们的生活方式和工作模式已经被互联网、AI 高科技技术改变。而 4G、5G 以及 AI 技术的不断发展,也助力着各行业的发展。截至 2021 年,中国数字经济规模达 45.5 万亿元;2021 年中国实物商品网上零售额达 10.8 万亿元,中国跨境电商进出口规模达 1.92 万亿元……

是否及如何拥抱科技,正是 EAP 服务商面临的重大新课题之一,这究竟是机遇还是挑战呢?

一、EAP 全球化：向世界输送中国 EAP

2023 年是中国提出"一带一路"倡议 10 周年。在这 10 年里，中国已同 151 个国家、32 个国际组织签署了 200 余份共建"一带一路"合作文件，形成了 3 000 多个合作项目，拉动了超万亿美元的投资规模，为沿线国家创造了 42 万个就业岗位，帮助 4 000 多万人摆脱贫困。我国现有世界 500 强企业 125 家，其中绝大多数都是跨国大型企业，央企在 180 多个国家投资经商，项目超过 8 000 个，海外资产超过 8 万亿元。

中国始终是世界和平的建设者、全球发展的贡献者、国际秩序的维护者、公共产品的提供者。在未来，共建"一带一路"必将在更大范围、更高水平、更深层次国际合作的生动实践中开启新征程。

然而企业在"走出去"的过程中，也会遭遇"走不进去"的困境。

(1) 走不进"文化习俗"。俗话说，百里不同风，千里不同俗，更不用说中国员工和海外员工的地域文化、风俗，甚至信仰的差异了。

(2) 走不进"管理模式"。海外员工自主表达意识较高，我国传统的"科层制度"管理模式对他们的约束力有限。对上级按等级制度下达的任务执行效果经常大打折扣，而对上级有所不满就会向人力资源部或工会投诉。

(3) 走不进"行为和思维方式"。在福利薪酬有恰当保证的情况下，中国员工会接受加班，增加产能，与企业共渡难关。但海外员工工作与生活边界清晰，大部分并不接受加班文化。尤其遇到圣诞节等长假期时，海外员工更倾向追求生活上的安逸，而非为了工作放弃自己的权利。

这些差异都会增加中资企业在跨国经营过程中的挑战。EAP 作为企业的服务商，可以利用自己的有效资源，帮助企业改善相关差异或矛盾，提升企业生产力。全球互联网技术的发展，又进一步增加了 EAP 助力中资企业提升效能的可能性。

此时，中智 EAP 就依托中智央企背景和自有技术团队，为中资企业驻外员工和雇佣的海外员工，提供全方位支持：

一方面，线上平台"答心"打破地域和空间的隔阂。早在 2019 年，中智 EAP 就和一家全球领先的乳业公司合作开展了针对外派员工的心理关爱项目。在此之前,这家企业所遇到的难点,就是面对地域和时差的限制,无法第一时间向员工输送心理关爱。而"答心"平台的上线,就能让远在海外的员工依然能第一时间看到国内的资讯、听见中国咨询师的声音。

另一方面,中智 EAP 和国际战略合作伙伴 ICAS 的合作也升级为"双相输送"。中国市场规模大、层次多,外资企业近年来为进一步深耕和拓展中国市场持续加码在华的投资,中智 EAP 和 ICAS 的合作也在这样的背景下一蹴而成:中智 EAP 为 ICAS 的客户提供中国的本土化落地服务。同样的,随着"一带一路"的又一个 10 年发展,中资企业在海外也将拥有越来越多的中国雇员和海外雇员。中智 EAP 也将授权 ICAS 为合作的企业提供当地的服务,凸显中资企业对当地经济和文化、物质和精神福利的全方位支持。

二、EAP 数字化:让"健康"可见

习近平总书记在中央政治局第三十四次集体学习时指出:"要推动数字经济和实体经济融合发展,把握数字化、网络化、智能化方向,推动制造业、服务业、农业等产业数字化,利用互联网新技术对传统产业进行全方位、全链条的改造,提高全要素生产率,发挥数字技术对经济发展的放大、叠加、倍增作用。"

当前,业务技术的数字化转型在数字经济时代赋予企业快速发展的重要机遇。

(1)零售企业为实体店铺建立在线商城,并通过算法对用户实现个性化的商品推荐和精准营销。

(2)医疗行业让患者可以在家中与医生进行视频会诊,实现疾病预诊和个性化治疗。

(3)制造行业实现生产线自动化、自动数据采集和远程监控,利用大数据分析对流水线的设备进行预测性维护,减少设备故障和停机时间。

(一) 数字化服务

EAP 的传统服务模式是被动的。首先,EAP 服务商"被动"等待企业

的需求，"被动"等待员工的求助。通过中智 EAP 近三年的咨询使用情况分析可见（数据出处：中智 EAP 于 2023 年发布的《2020—2023 年全球公共卫生事件下企业员工职场心理健康洞察分析》），即便咨询使用率呈现逐年上升的趋势，但也只是处于 9.91% 的水平。这似乎意味着，还有更广泛的群体需要被 EAP 关注。

其次，企业和员工接受 EAP 服务也是相对"被动的"。他们获取 EAP 服务的内容、渠道、方式、频率等，也是基于和服务商已有的合作模式，主动性、灵活性、新颖性、服务精细度存在局限性。

最后，EAP 服务的效果评估也是"被动的"。EAP 被视为促进员工身心健康的工具和资源，EAP 服务商也力求通过各种内宣、培训、一对一咨询等各种方式帮助员工提升身心健康。然而，教了不等于学了，学了不等于会了。因此，EAP 服务的效果评估往往也是较为"被动"。

EAP 数字化能够影响传统 EAP 的服务发生变化。

1. 颗粒度更小

意味着员工接收到的信息容量更小，学习所需要的时间更短。正如现在主流的视频媒体，将一个学习模块分解为一两分钟的内容，并且可以随意组合。数字化能够将这些颗粒度更小的心理健康知识、理论、干预模型，利用"算法"重新计算出大众能够理解的语言和使用场景。这就为员工了解健康资讯、提升健康水平带来了极大的便利，大大降低了员工的使用门槛。

2. 呈现形式更丰富

意味着从传统的书面文字、讲师口头传授，转换为图像、音频、视频、动画等动态形式。这使得员工可以通过屏幕触屏、音频视频、动画等交互形式主动参与到 EAP 服务中，大大提高了员工的兴趣和关注度。

3. 选择更自主

数字化为"服务可自主选择"提供了技术可能。员工不仅可以从信息海洋中筛选、定位、选择自己需要的内容，而且可以个性化处理，如"了解更多"或者"不感兴趣"。

4. 构建用户画像

意味着通过员工的使用习惯、知识结构和工作属性，经过数据算法，预判其所需要的知识、技巧或相关资源，让服务更加个性化，更具有前瞻性。例如，为新入职员工提供"入职快速适应指南"帮助新员工适应职场；当员工晋升为管理者时，为员工推送"恭喜晋升，请查收管理法宝"，以帮助新晋管理者提升科学管理和领导能力；当员工的产假期结束，回到职场，主动提供"职场妈妈辛苦了，育儿指南在这里"，为新手妈妈们提供医疗、健康、心理全方位的育儿支持。

通过数字化服务，引领员工从"被动"接受走向"主动"探究，才能让员工真正成为自己心理健康的第一责任人。

（二）数字化管理

在传统 EAP 服务中，企业和 EAP 服务商都习惯将需干预的人群或者说需要关注的人群定义在"风险"二字上。风险，也就是指罹患重性精神疾病或存在伤害自己或他人的情况。基于现有的技术和监测手段，这些风险个案主要是在一对一咨询中的咨询师评估和心理健康测评中的数据分析中发现的。少部分情况下，个案来自企业管理者的转介。此时，EAP 服务依然是解决问题式的单向干预。

同时，这种模式对于具有"风险"或者需干预人群的定义是狭隘的，对于更广大人群所面临的困扰既缺少检测手段，又缺乏主动干预方法。近年来的调查研究发现，中国人目前主要面临三大心理困扰。

（1）情绪困扰（未达到临床诊断指标）。《2022 国民健康洞察报告》显示，在各类健康困扰中，焦虑、抑郁等情绪问题稳居第一。

（2）睡眠问题。5.1 亿中国人"睡不好"［数据来源：2023 年，中国睡眠研究会、人民网-人民数据（国家大数据灾备中心）共同发布的《中国睡眠大数据报告》］。

（3）精神疲劳或慢性疲劳。越来越多的研究也发现，慢性疲劳是很多恶性疾病发生的基础，是身体素质下降由量变到质变的一个过程。如果不积极干预，久而久之可能诱发多种疾病，甚至引发猝死。

如果说数字化是将非数字信息转换成数字格式的过程，体现了"数据＋算法"这一逻辑。那么，是否也可以将上述无法客观、科学、大规模检测的问题,通过"数据＋算法"的形式解决呢?

换句话说,数字化可以将微表情、情绪困扰、睡眠问题、精神疲劳这些指标,从个人的主观评价体系转变为客观的、难伪装的、更易检测的数字评价体系,并通过算法标识出不同等级人群,然后提供相适应的干预方案,同时记录、追踪这些指标的改善情况。

现在,基于脑科学和认知心理学的发展和临床研究,已经有一些生物反馈仪(包括肌电反馈仪、皮肤温度反馈仪、皮电反馈仪、脑电反馈仪及脉搏反馈仪等)、脑机接口技术能够初步用于识别和消除焦虑、紧张、愤怒、抑郁等负面情绪。但是,目前这些设备体积大、价格高,多用于临床医疗体系,辅助进行心理疾病的诊疗。在企业范围内,仅有极少数企业能够配合 EAP 的开展,打造心理健康室,并进行设备的单独采购和日常运维管理。

在未来,数字化的发展不仅能够将心理健康的识别转换成数据和算法,更能将干预方法转换成数据和算法,让 EAP 普惠于更多人群,真正成为每位员工可以使用的健康资源。

场景一 为关键岗位构建安全运营的防护网。2015 年 3 月 24 日,德国之翼航空 9525 号航班因副机长卢比茨的人为操作,导致机上人员全部遇难。事故调查中发现,卢比茨在空难发生当天曾撕毁病假条,并向航空公司隐瞒患病事实。虽然尚无证据证明这次空难是卢比茨有计划的行为,但其不佳的心理状态最终造成了 149 人无辜丧生是不争的事实。安全,是诸多企业生产运营的基石,是不可忽视的重要问题。与运营安全有关的因素可以划分为人、机器(设备)、环境和管理,而这四者都依赖于高效、安全和可靠的"人的行为"。

换言之,人是安全的核心。但是,人有其局限性。即便是在外界环境、工作条件等客观因素不变的情况下,人也会由于在某一阶段身心状态不佳,出现动作不准确、不协调、注意力不集中、情绪不稳定等,进而导致工作质量下降、操作失误、违章等。国际 EAP 协会曾调查发现,80％的职场事故是由人为失误造成,只有 20％的职场事故与环境或机器相关。

目前,视觉人工智能识别预警系统已获得相关专利,涵盖基于自然视频流的无感知异常情绪实时监测、无接触式精神状态快速分析评测，并在安防、医疗等领域进行了落地建设。在未来，通过视觉人工智能识别技术和脑机接口设备，可以实现对关键岗位员工进行动态监测和预警，继而提供个性化的 EAP 干预策略；甚至，必要时与专业医疗机构完善个体治疗方案，制定出完整的预警、治疗、干预、监测和返岗复工的全流程管理方案。

场景二　为全员提供"健康储备"，做到"防重于治"。两千多年前，《黄帝内经》中已提出了"上医治未病，中医治欲病，下医治已病"的理念。即医术最高明的医生并不是仅仅擅长治病的人，而是更能够预防疾病的人。在心理健康领域同样如此。EAP 行业的发展乃至整个心理健康行业的发展，其根本目标并不仅仅是为了"治疗心理疾病"，而是为了提升全民的健康意识，倡导文明健康生活方式，培养自尊自信、理性平和、积极向上的社会心态。

然而目前普遍的还是"重治轻防"。大部分人似乎在遇到过不去的"坎"或者连续几晚夜不能寐时，才会想到"找个咨询师聊一聊"。甚至，在已经出现临床症状时，才会意识到"是不是要去医院看一下"。大部分的企业也是如此，似乎只有遇到了危机事件时，企业才会想起来寻求 EAP 的专业支持。

这种"重治轻防"的状态，一方面需要个人和企业在"观念上"进行根本的转变；另一方面，也需要专业平台的普及化。数字化的发展，能让 EAP 搭载在任何智能终端设备上——可以是手机 APP，可以是智能手表。通过生理指标的识别，动态监测个人的情绪状态（心理焦虑、躯体焦虑、抑郁情绪）、睡眠质量（入睡情况、多梦程度）、精神疲劳程度等，推送个性化的调整方案，还能针对特定人群（如孕产妇、抽烟人士、三高人群等），制定自动化干预方案。

大数据、人工智能、数字化等创新技术的运用，将大大提高心理健康监测、预警、干预的客观性、科学性、准确性和低成本性，为全员、为有轻度或中度心理问题的亚健康人群提供更加便捷、更加个性、更加有效的心理健康促进服务。

三、EAP 网络化：从互联网到"万物互联"

（一）基于互联网的自动化和信息化

截至 2023 年 3 月底，我国累计建成 5G 基站超过 264 万个，具备千兆网络服务能力的端口数超过 1 793 万个。基于我国信息技术的高速发展，远在新疆、西藏的员工已经可以通过网络视频的形式和远在北京、上海的咨询师进行远程视频；位于上海的中智 EAP，也可以向新疆、西藏，甚至身处海外的员工们输送线上服务。

在互联网发展早期，中智 EAP 就已经敏锐地捕捉到互联网对企业发展带来的影响，很早便开始部署基于互联网的自动化和信息化改造。

（1）从 2002 年成立起，中智 EAP 就开始采用云呼叫系统，做到用户来电的实时记录。

（2）2009 年，中智 EAP 自主研发了"EAP 数据管理系统"，实现了企业管理、个案管理的线上化和无纸化。

（3）2017 年，中智 EAP 自主开发和上线了首款移动端产品"答心"，初步探索了"EAP＋互联网"模式，并不断更新迭代；相继推出"答心咨询小助手端"、移动端测评产品"心探"。

（4）2019 年，中智 EAP 推出"静静"，一款兼具人脸情绪识别与语言交互功能的智能 EAP 机器人。

但是，大部分企业在进行网络化管理时都会陷入瓶颈，即各个系统之间大都处于孤岛的状态，并没有深度打通，中间的很多信息还需要靠人来分析、传递及决策。中智 EAP 在进行网络化管理时也遇到了同样的困难。EAP 的网络化发展，应该实现的是深度的网络化，是要把服务背后的人、物、设备有序地连接起来，还要让上下游产业链联通起来。

（二）未来的"万物互联"愿景

在未来，中智 EAP 服务将实现"万物互联"的愿景。

1. 上下游"咨询师和员工"互联

目前，员工可以通过"答心"直接线上预约 EAP 咨询师，但这样的"连接"只是单向的,咨询师和员工的关系也是单向的。咨询师只是一个被选择然后提供服务的人,无法反馈于员工。"互联"就是增加了咨询师对员工的反馈机制。例如,咨询师可以将咨询后的建议、作业、下阶段咨询方向等形成档案信息,回复给员工个人。员工不仅能够对自己当下的状况更加了解,也能够形成行动计划,从而真正促进行为的改变、促进个人的成长、提升身心健康水平。从某种意义上而言,这样的"互联"也实现了"EAP 咨询效果"的数据化统计。

2. 上下游"EAP 服务商和咨询师"互联

EAP 进入中国市场至今,尚未形成属于中国的"EAP 咨询师"细分领域。但事实上,EAP 因为本身自带的"双重客户"属性,即既服务于员工个人,也服务于企业。因此,咨询师在开展 EAP 咨询服务的过程中,就不能将个案完全等同于单独(或孤立)的"社会个案",而必须将个案所述的"企业属性"考虑进去,并丰富咨询和评估的维度。例如,在评估个案的风险程度时,除了从个案本身了解其自杀自伤行为的想法和计划、病史和既往史、刺激源、社会支持系统等,咨询师还需了解个案的工作内容、岗位特点,甚至和上级主管、企业的关系等。

同时,EAP 又自带服务属性,对于使用咨询的个案而言,与其说他在寻找一个专家,不如说他在寻找一个专业又免费的服务。EAP 个案在使用服务时是免费的,这也和直接付费给咨询师的独立的"社会个案"不同。通常 EAP 个案的改变意愿、咨询中的投入程度会较低,毕竟"社会个案"是实打实地支付了人民币的(EAP 个案由于是企业购买的项目,通常情况员工是不需要直接支付"咨询费用")。这样的差异,就导致以"社会个案"为主要目标人群的心理咨询师在 EAP 咨询中易出现水土不服:或头顶"专家"光环的咨询师缺乏服务意识,让 EAP 服务使用者(即员工或家属)不尽满意;或擅长"社会个案"的咨询师,不理解 EAP"双重客户"的概念,导致难以胜任。

中智 EAP 基于 20 年的个案管理经验,梳理和细化出"EAP 框架下的咨询师管理和成长体系",并在 2023 年自主研发出了适合中国职场场景的"EAP 咨访匹配模型"。未来将通过大数据分析,进一步优化该模型,从

图 4‑1　EAP 咨询师培养和管理体系

而为 EAP 行业建立起一套成熟、完善的 EAP 咨询师培养和管理体系（见图 4‑1）。

（三）中智 EAP 咨询师胜任力模型

1. 准入标准

准入标准是进入中智 EAP 咨询师团队的基础，包括心理咨询师从业者的行业资质（如学历背景、从业资质）和专业背景（如一对一咨询经验、督导经历、个案报告撰写能力、某领域/取向的长期系统培训经历）。

2. 咨询和评估能力

包括咨询师所具备的基本咨询技巧（如倾听和同感、解释和建议、提问和引导）、问题评估与诊断（特别是危机和自杀评估）。

3. 伦理与职业化程度

心理咨询师不仅要遵守法律，也要遵守伦理守则。咨询的专业伦理是指心理咨询师在执业过程中，能够节制自己的专业特权和个人欲望，遵循伦理守则和执业标准，提供个案最好的专业服务，以增进个案的福祉。

4. 人格特质

尤其是开放性和责任心。

5. EAP 配合度

包括日常的沟通与配合程度、参与 EAP 培训和督导的次数。

这样的网络化也将进一步促进我国心理健康行业的规范有序发展，期待在未来我们也将看到属于 EAP 咨询师的细分领域。

四、EAP 智能化：终将让每一个人拥有自己的健康管家

（一）EAP 智能化已成为可能

在电影《机器管家》中，我们会看到这样一个"管家"，它拥有一般机器

人具备的所有功能,而且还有学习和创造能力,甚至是情感方面的感知力。ChatGPT 的出现,或许也让我们感觉到"未来已来"。以 ChatGPT 为代表的人工智能技术,通过数据、算力和 AI 模型,已呈现出重大的示范意义和启示作用。这种"预训练、自学习、强生成能力,并且可以自我进化"的能力,也标志着数字平台时代进入数字智能时代的技术基础。

上海市第十五届人民代表大会常务委员会第四十四次会议于 2022 年 9 月 22 日通过了《上海市促进人工智能产业发展条例》(以下简称《条例》),并自 2022 年 10 月 1 日施行。《条例》中所称的人工智能是指利用计算机或者计算机控制的机器模拟、延伸和扩展人的智能,感知环境、获取知识并使用知识获得最佳结果的理论、方法、技术及应用系统。同时,条例中也鼓励企业等可以采取多种方式设立新型研发机构,探索与人工智能快速迭代特点相适应的研发、试验、应用一体化模式,运用市场机制集成人工智能先进技术和优质资源,开展研究开发、创新人才培育、成果应用与推广等活动。

简而言之,人工智能真正要做到的就是"人所不及",无论是在物理空间还是时间维度,要帮助人们做好"做不了"或"来不及做"的事。例如,自动驾驶的初衷就是为了克服人类神经反射弧过长的天然缺陷,来提高驾驶的安全性;人脸识别或 ChatGPT 文案可以在极短的时间内精确地达成任务。同样,在医疗健康领域,人工智能的应用能够高效地帮助我们进行精准筛查、亚健康或疾病分级、完善干预治疗方案、康复评估等多方面的工作。相信用不了多久,人工智能技术和产品也会广泛地应用于 EAP 行业中。

(二) 中智 EAP 人工智能助理

"智能化"也意味"虚拟化"。或许在未来,许多人的手机、手表或者耳机里,都搭载着一个中智 EAP 人工智能助理——"静静"。

07:00,"静静"叫你起床,告诉你今天的天气、日程安排;提醒你昨晚睡得太晚,早上要不要来杯热咖啡? 顺便一键联动了厨房的咖啡机。

07:30,"静静"提醒你出行的路上交通堵塞,若再不起床就要迟到了。

09:00,顺利抵达客户公司,"静静"发现你的心跳加速、呼吸变得急促，它会告诉你"看来你有点儿紧张，这是我们的身体在为我们吹响号角呢！当然，你也可以跟着我稍作调整，我们一起来⋯⋯"

12:00，工作汇报很成功，你回到公司。"静静"会给你鼓励："太棒了！这两天也辛苦了，让我为你播放一段轻音乐，放松一下吧！"

15:00，新项目似乎进展得不顺利。"静静"感知到你的压力，会提醒你"起来走一走，倒杯水喝吧⋯⋯"

18:00，"静静"提醒你今晚的咨询安排，告诉你"上一次咨询，和咨询师沟通了⋯⋯"

21:00，回到家"静静"为你播放今日新闻。

22:30，"静静"转播白噪音，陪伴你入睡。

⋯⋯

凝 AI 聚智 沐光而行

一、面对"技术"，知敬畏、存戒惧、守底线

互联网和高新技术的发展，会给每一个行业带来无限可能，EAP 也是。当然，随之而来的数据安全和个人隐私保护的问题，也是 EAP 需要时刻警醒的。

如今，个人信息保护已成为广大人民群众最关心、最直接、最现实的利益问题之一。习近平总书记强调："网信事业发展必须贯彻以人民为中心的发展思想，把增进人民福祉作为信息化发展的出发点和落脚点，让人民群众在信息化发展中有更多获得感、幸福感、安全感。"2018 年全国人大常委会法制工作委员会会同中央网络安全和信息化委员会办公室，着手研究起草了个人信息保护法草案。2021 年 8 月 20 日，《中华人民共和国个人信息保护法》（以下简称《个人信息保护法》）由第十三届全国人民代表大会常务委员会第三十次会议通过，自 2021 年 11 月 1 日起施行。

《个人信息保护法》实施以来，在个人信息权益保护、数据合理利用和促进数字经济健康发展等方面发挥着重要作用。中智 EAP 遵循《个人信息保护法》的规定，第一时间完成了线上平台《用户服务协议》和《隐私协议》的功能上线。基于"告知-同意"为核心的个人信息处理规则，切实将 EAP 使用者网络空间合法权益维护好、保障好、发展好，使广大企业职工在数字经济发展中享受更多的获得感、幸福感、安全感。

随着经济全球化、数字化的不断推进以及我国对外开放的不断扩大，个人信息的跨境流动日益频繁。但由于遥远的地理距离以及不同国家法律制度、保护水平之间的差异，个人信息跨境流动风险更加难以控制。《个人信息保护法》的出台，事实上也构建了各项清晰、系统的个人信息跨

境流动规则。基于此,中智 EAP 所在的中智关爱通前期已与相关部门合作,启动了职工数字身份体系的建设工作,旨在打破数据壁垒,保障信息安全。后续将结合成功案例经验完善该平台建设,并在此基础上开展职工个人健康数据账户平台的建设和运营。在"还数于民"基础上,为依法合规地分享和使用个人健康数据,并应用于高科技产品场景奠定坚实的基础。

面对"技术",中智 EAP 将始终保持着知敬畏、存戒惧、守底线的原则。

二、站在新起点,面向新征程

中智 EAP 20 年的坚守和辛勤耕耘,始终牢记肩负着推进中国社会心理服务体系建设的使命感,是"成为 EAP 国家队"的初心和动力。

全国总工会的《第九次全国职工队伍状况调查》显示,全国职工总数为 4.02 亿人,这背后就是 4.02 多亿个家庭。正如闫洪丰所述,在建立"个人小家健康和睦、企业大家安定发展、社会国家和谐繁荣"这一美好画卷中,EAP 必将留下浓墨重彩的一笔。

中智 EAP 将继续坚持以人民为中心,以专业为根基,以开拓服务的数字化、网络化、智能化为着力点,和更多企业心连心、肩并肩,为合力促进心理健康服务体系建设,全面推进健康中国建设再创佳绩,再立新功,再创辉煌。

参 考 文 献

［1］赵然,史厚今. 员工帮助计划——中国经典案例集［M］. 北京：科学出版社,2007.

［2］詹姆斯·柯林,杰里·波勒斯. 基业长青［M］. 北京：中信出版社,1994.

［3］赵然. 员工帮助计划：EAP 咨询师手册［M］. 北京：科学出版社,2010.

［4］李欣. EAP 之中国生存状况［J］. 企业研究,2003(18)：62-65.

［5］刘磊. 员工援助项目：企业对员工的人文关怀——访中国 EAP 服务中心朱晓平博士［J］. 中国劳动,2004(4)：38-39.

［6］周苗苗. EAP 的中国模式研究［D］. 青岛：中国海洋大学,2005.

［7］史厚今,潘军. EAP 的发展新趋势——全面员工援助［A］. 中国社会心理学会 2008 年全国学术大会论文摘要集［C］. 北京,2008：224.

［8］赵然,叶和旭. 企业情商：企业管理中的正能量. 中国人力资源开发［J］. 2013(9)：23-26＋77.

［9］赵然,石敏,叶和旭. 积极情绪对工作绩效的影响：组织承诺的中介作用［J］. 中央财经大学学报,2015(S1)：104-108.

［10］赵然. EAP 发展对社会心理服务体系建设的启发［J］. 心理技术与应用,2018(10)：587.

［11］时勘. 基于胜任特征模型的人力资源开发［J］. 心理科学进展,2006(4)：586-595.

［12］时勘,郑蕊. 健康型组织建设的思考［J］. 首都经济贸易大学学报,2007(1)：12-19.

［13］时勘. 员工援助计划在人力资源管理中的应用［J］. 心理技术与应用,2013(2)：16-17.

［14］时勘,周海明,朱厚强,等. 健康型组织的评价模型构建及研究展望
　　　［J］. 科研管理,2016(S1)：630 - 635.

［15］闫洪丰. 健康中国的根本在于"心"［J］. 小康,2016(5)：24 - 25.

［16］闫洪丰. 领导干部心理健康服务的政策导向与实践发展［J］. 中国党
　　　政干部论坛,2019(1)：30 - 33.

［17］闫洪丰. 关于全国社会心理服务体系试点方案文件的解读［J］. 心理
　　　与健康,2019(4)：18 - 21.

［18］李雪娇. 从心之治 完善社会心理服务体系 访国家社会心理服务体
　　　系试点地区专家闫洪丰［J］. 经济,2021(3)：72 - 76.

［19］闫洪丰,李康震,王倩,等. 社会心理服务体系的价值内涵与实践路
　　　径［J］. 心理与健康,2022(6)：16 - 18.

［20］檀培芳. EAP,真的好用吗［J］. 人力资源,2017(4)：98 - 100.

［21］Seligman M E P, Csikszentmihalyi M. Positive psychology：An
　　　introduction［J］. American Psychologist,2000,55：5 - 14.